AF564314

LES

TRAVAUX SOUTERRAINS DE PARIS

IV

PREMIÈRE PARTIE

LES EAUX

DEUXIÈME SECTION

LES EAUX NOUVELLES

PAR

M. BELGRAND

MEMBRE DE L'INSTITUT

INSPECTEUR GÉNÉRAL DES PONTS ET CHAUSSÉES

DIRECTEUR DES EAUX ET DES ÉGOUTS DE PARIS

ATLAS

PARIS

DUNOD, ÉDITEUR

LIBRAIRE DES CORPS DES PONTS ET CHAUSSÉES, DES MINES ET DES TÉLÉGRAPHES

49, QUAI DES AUGUSTINS, 49

1882

2235. — IMPRIMERIE A. LAHURE
Rue de Fleurus, 9, à Paris

INDEX DES PLANCHES DE L'ATLAS

CANAUX.

POMPES A FEU.

USINES HYDRAULIQUES.

DÉRIVATIONS.

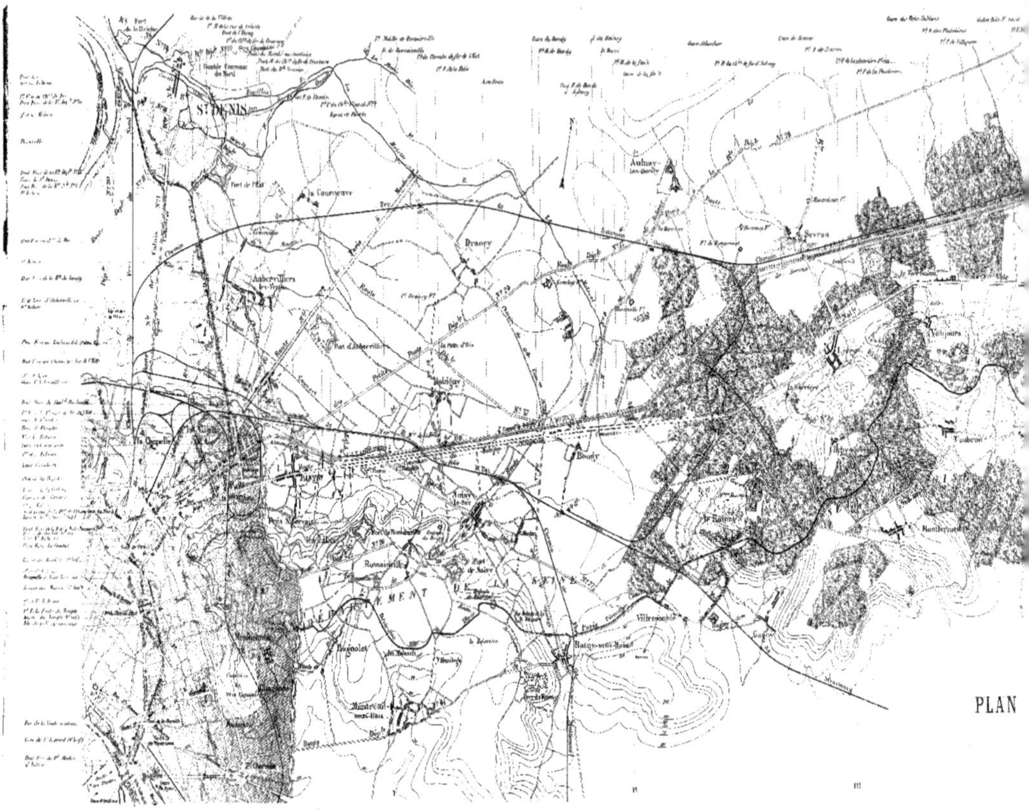

St DENIS

la Courneuve

Aubervilliers

Drancy

Aulnay-les-Bondy

Sevran

Bobigny

Bondy

Noisy-le-Sec

Romainville

Bagnolet

Montreuil-sous-Bois

Rosny-sous-Bois

Villemomble

le Raincy

Vaujours

Coubron

Montfermeil

PLAN

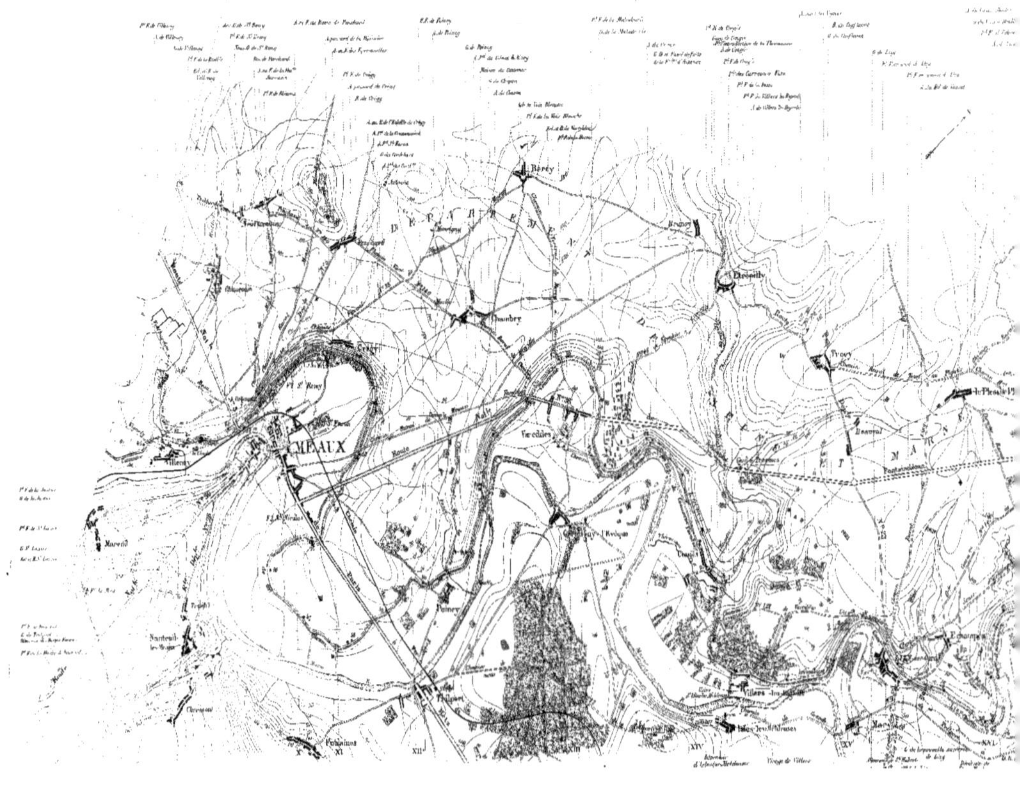

MEAUX

Barcy

Chambry

Etrépilly

Trocy

Varreddes

Germigny-l'Évêque

Poincy

Trilport

Fublaines

Mareuil

Nanteuil-lès-Meaux

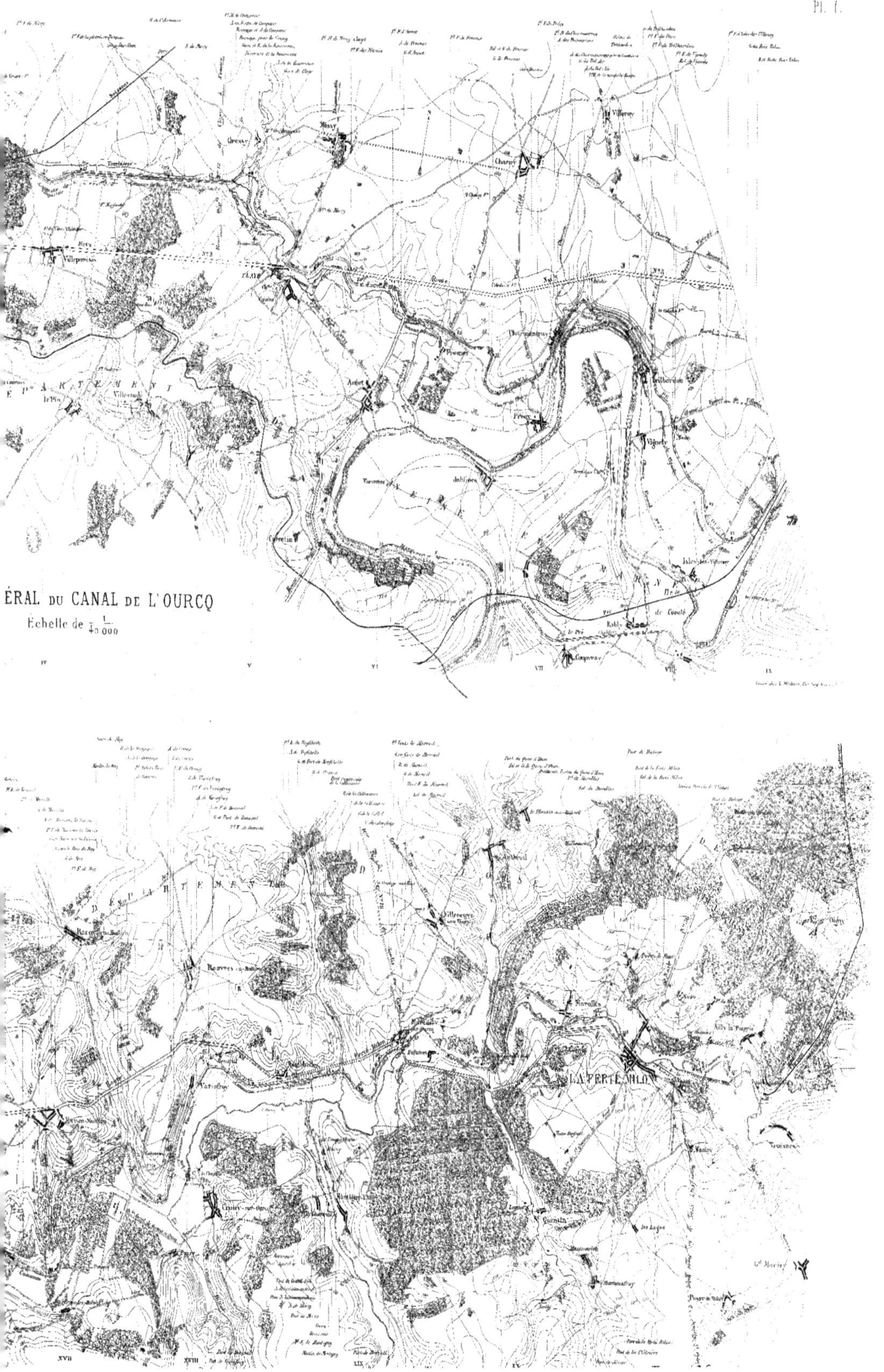
ÉRAL DU CANAL DE L'OURCQ
Echelle de 1/40.000
Villeroy
Charny
Claye
Villeparisis
Charmentray
Trilbardou
Précy
Vignely
Jablines
Varennes
Isles-les-Villenoy
Annet
Coupvray
Ambreuil
Villeneuve
LA FERTÉ-MILON
Marolles
Silly-la-Poterie
Troësnes
St Quentin
Crouy-sur-Ourcq
Gd Marisy
Les Loges
IV
V
VI
VII
VIII
IX
XVII
XVIII
XIX
XX

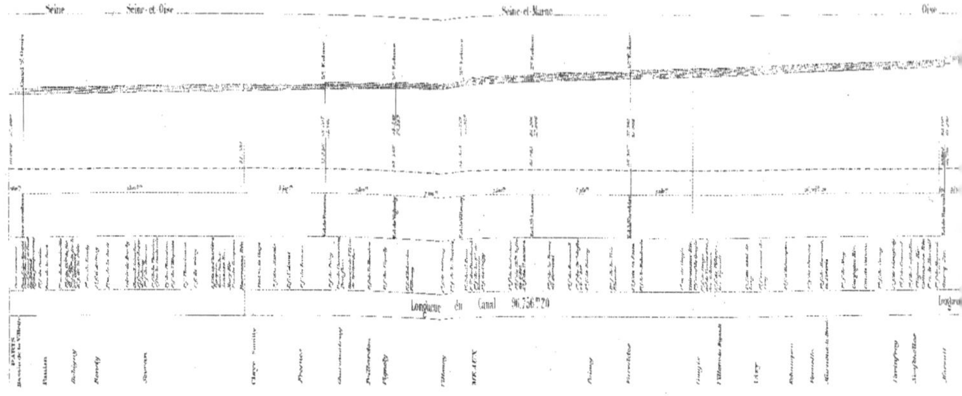

PLAN DU CANAL St DENIS

Échelle de $\frac{1}{25.000}$

PLAN DU CANAL St MARTIN

Échelle de $\frac{1}{25.000}$

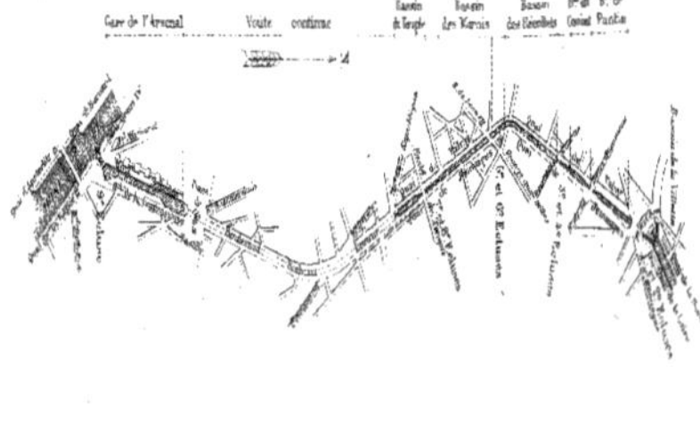

PROFIL EN LONG

Échelle de $\frac{1}{25.000}$

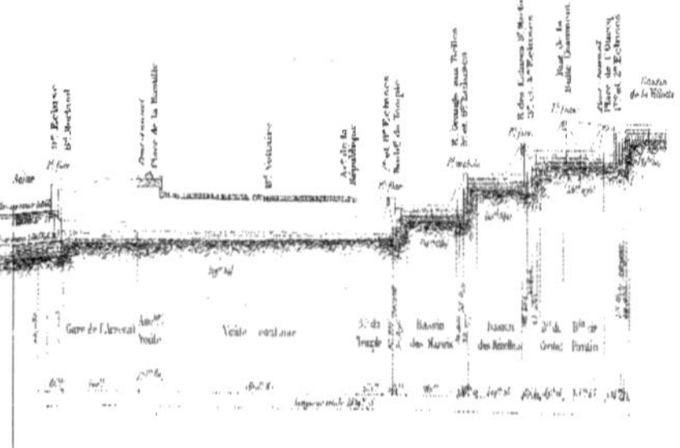

Gravé par E. [illegible]

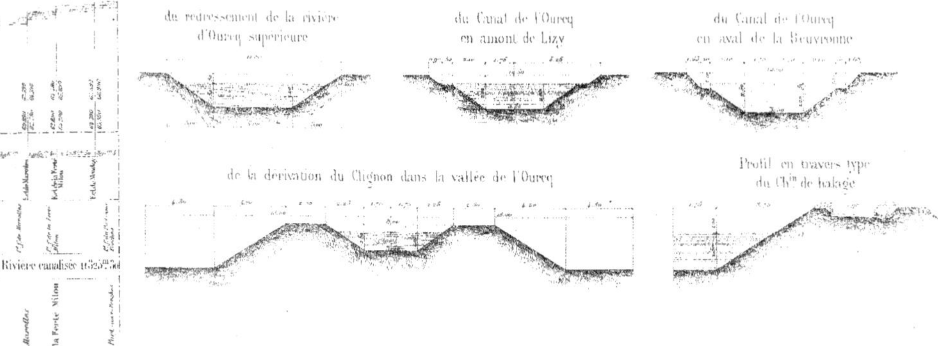

PROFIL EN LONG DU CANAL ST DENIS

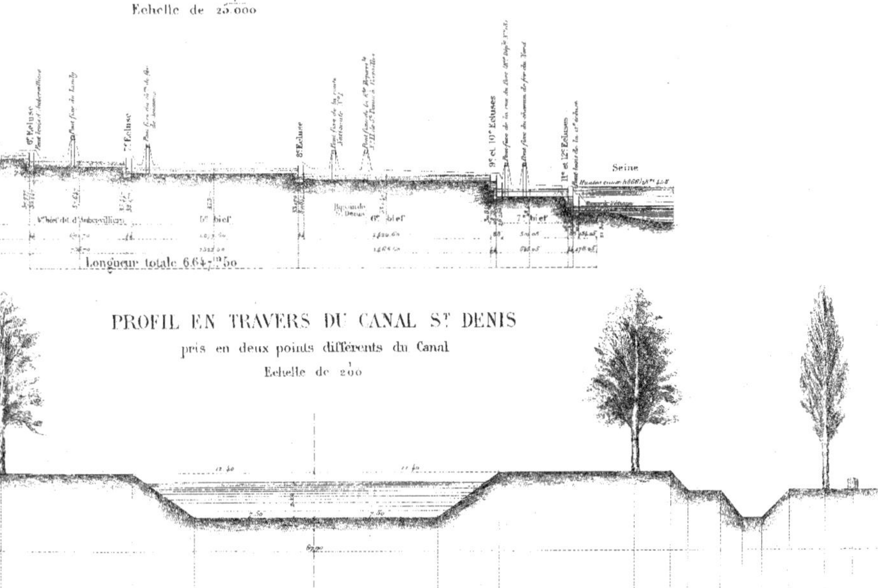

PROFILS EN TRAVERS

Echelle de 1/400

1° Partie à ciel ouvert

2° Partie couverte

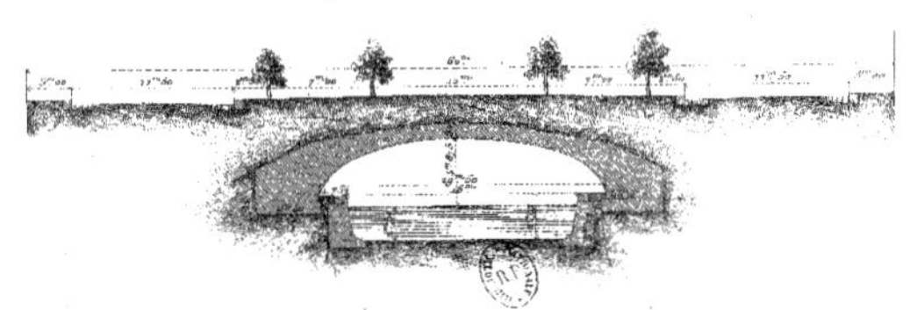

Paris, Imp. Fraillery

CANAL St MARTIN

Vue de la Voûte continue, prise dans le tournant au dessous du Boulevart Voltaire.

USINE DU QUAI D'AUSTERLITZ

Pompe à feu

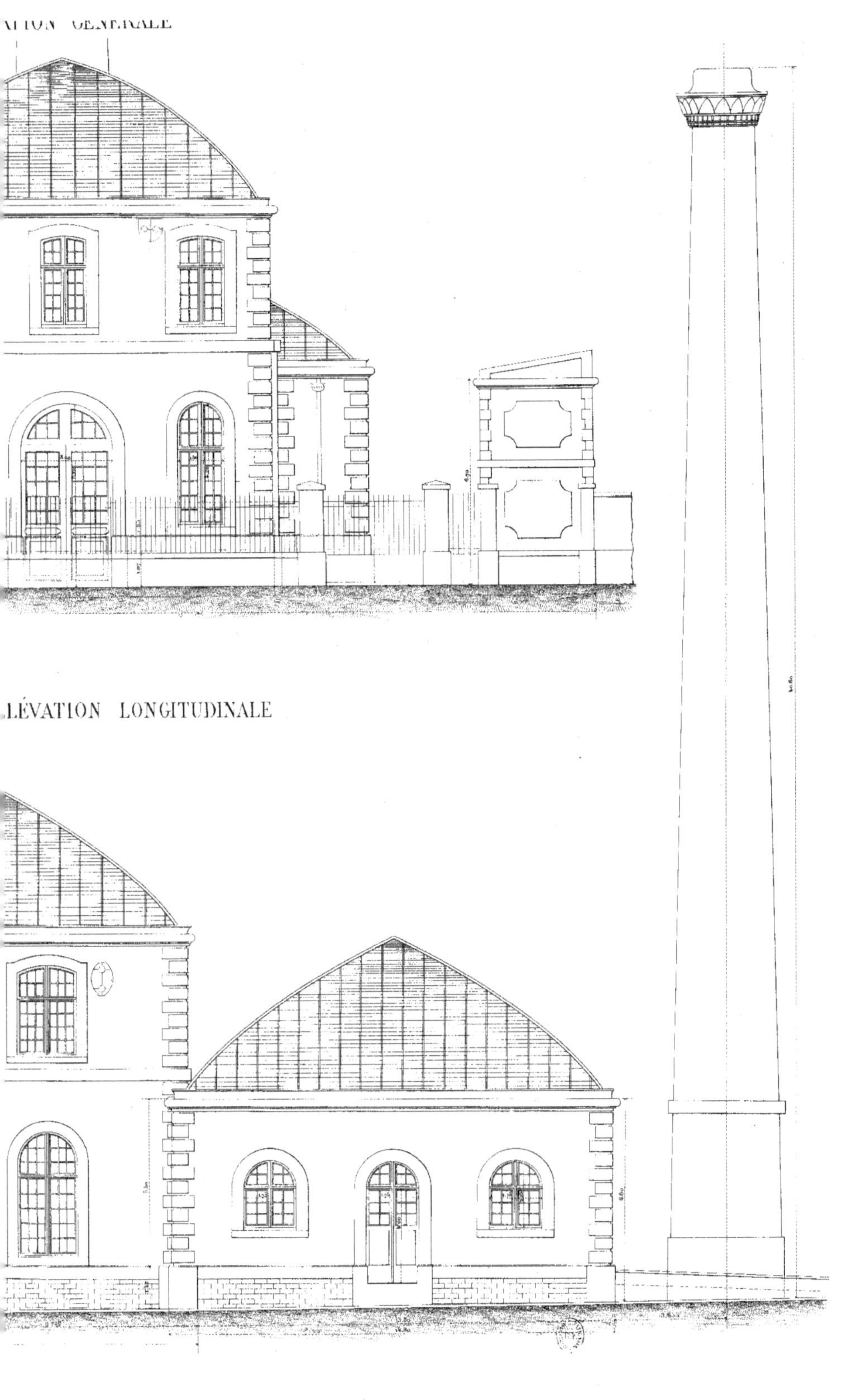
ATION GÉNÉRALE
LÉVATION LONGITUDINALE

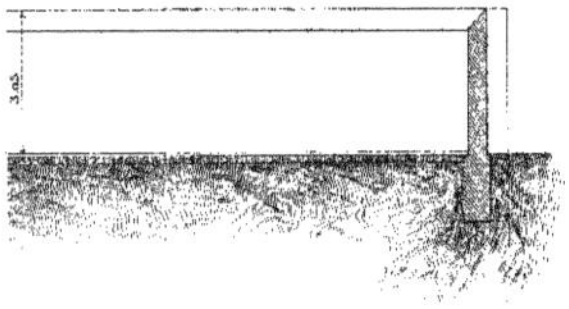

Pompe à feu

Echelle de 0m,005 pour mètre

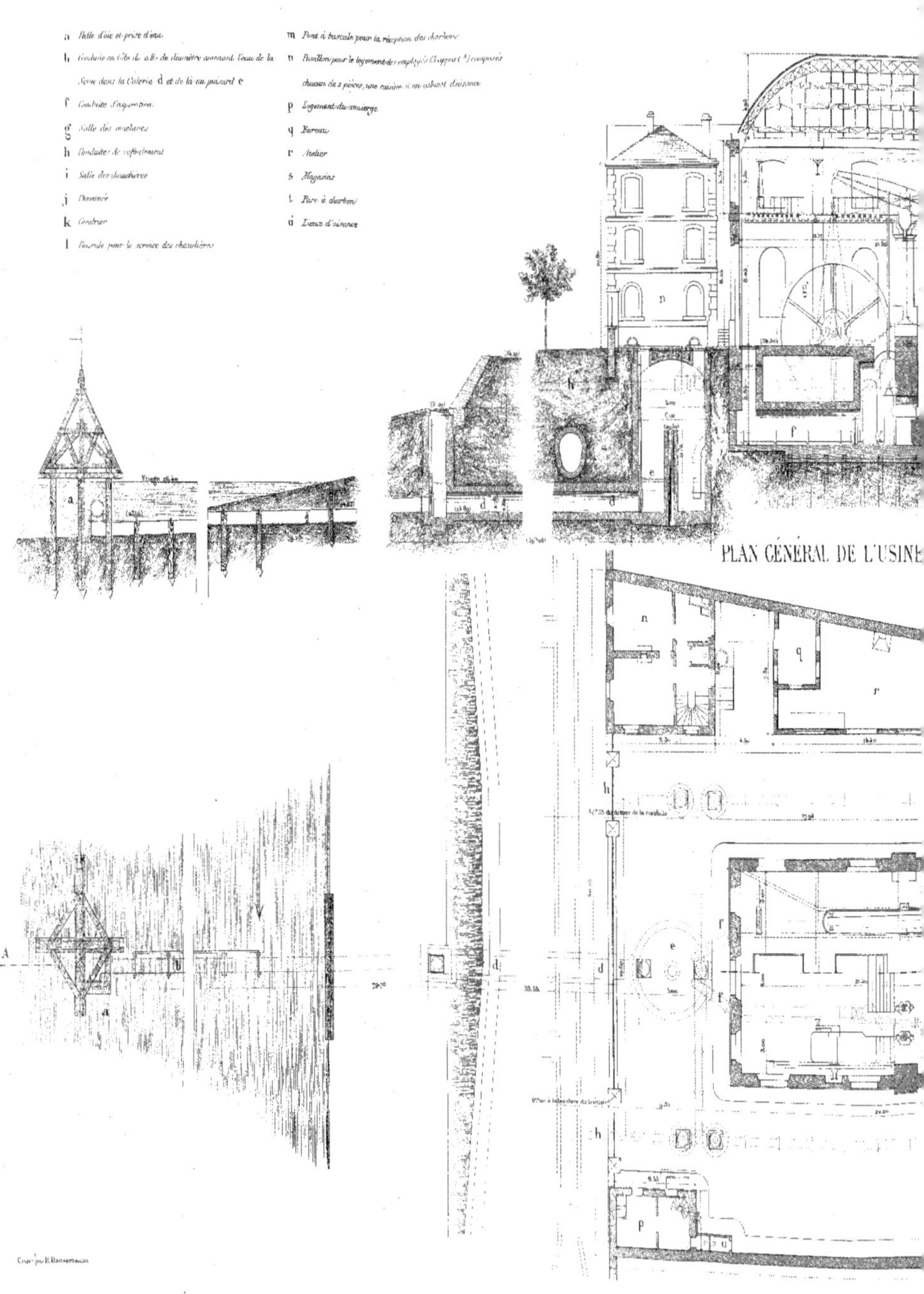

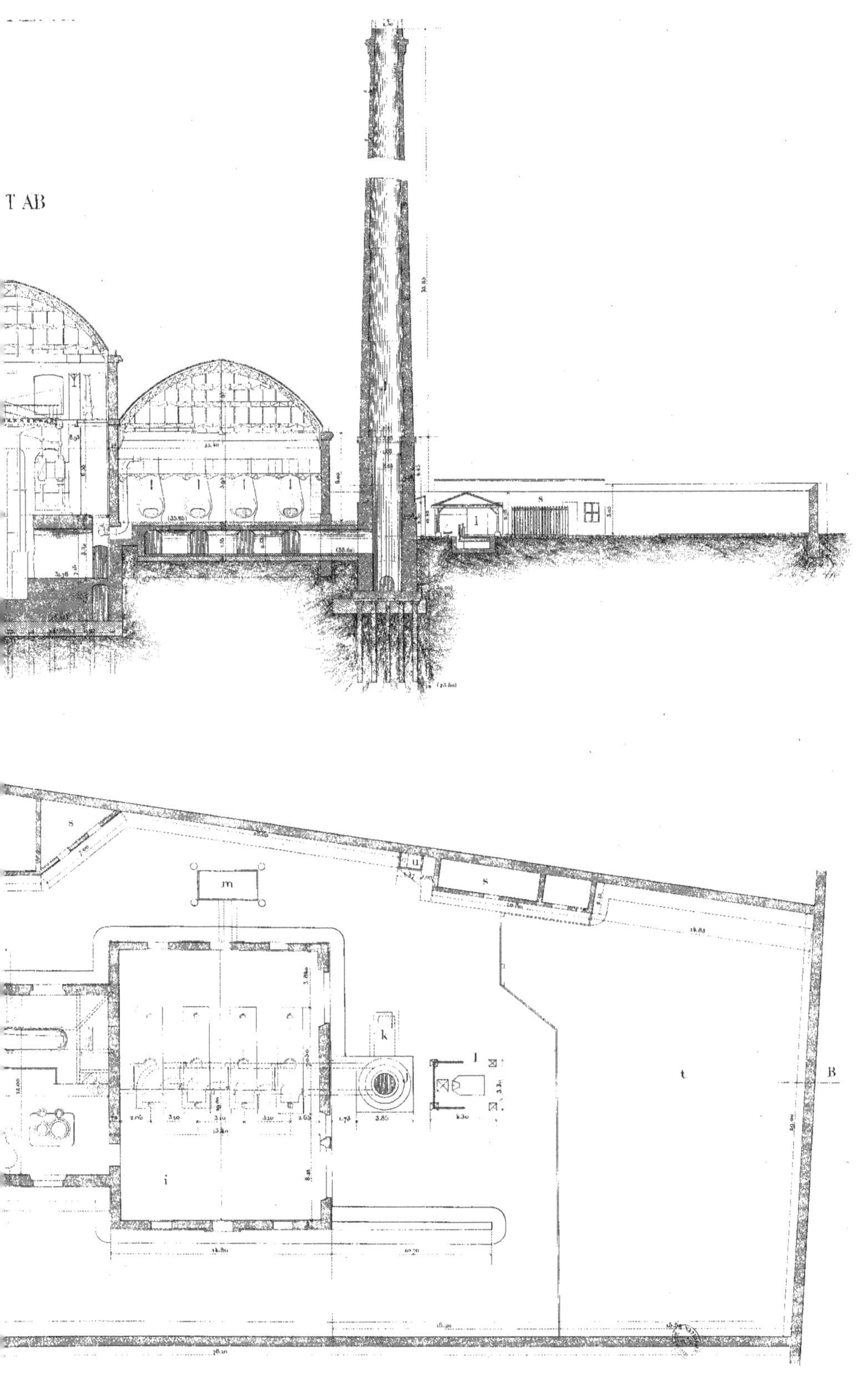
T AB
s
m
u
s
k
l
t
B
i

POMPE A FEU DU QUAI D'AUSTERLITZ

MACHINE A VAPEUR

Coupe Verticale

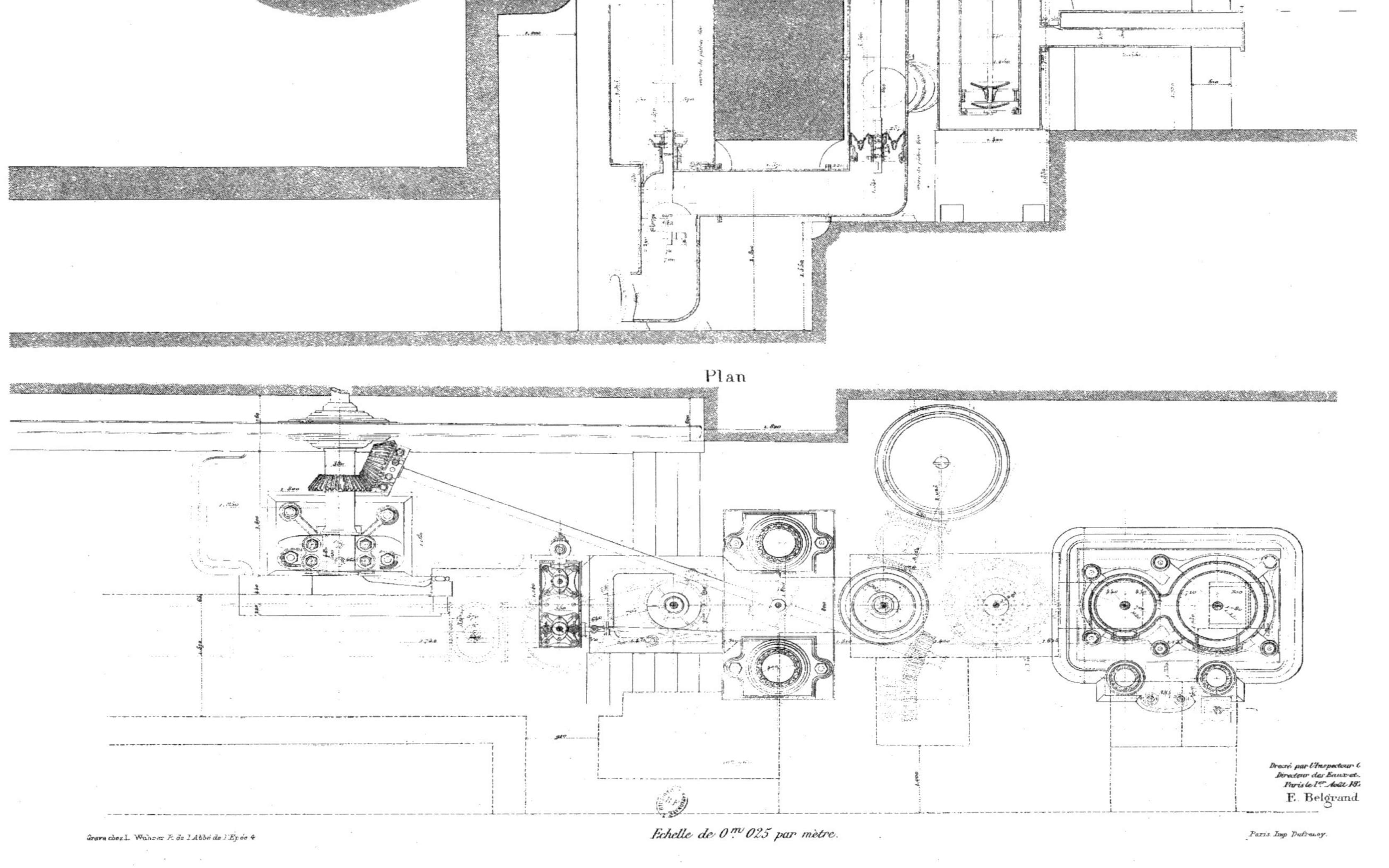
Plan
Dressé par l'Inspecteur G.
Directeur des Eaux et
Paris le 1er Août 18
E. Belgrand
Gravé chez L. Wuhrer R. de l'Abbé de l'Epée 4
Echelle de 0m.025 par mètre.
Paris Imp. Dufrenoy.

POMPE A FEU DU QUAI D'AUSTERLITZ

MACHINE À VAPEUR.

Elévation latérale des cylindres

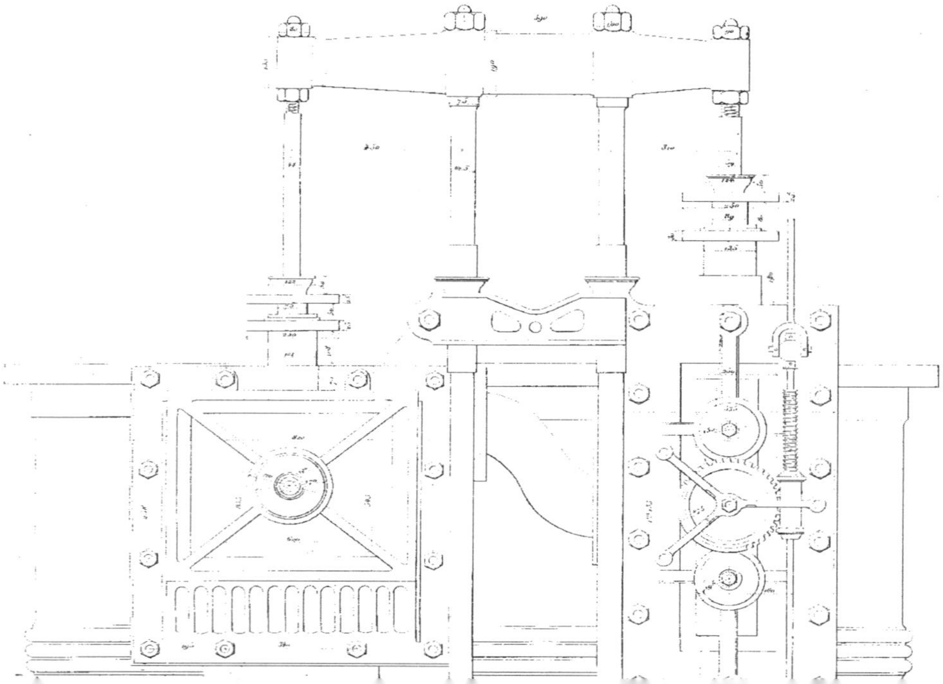

Disposition du tiroir de la distribution de la vapeur.

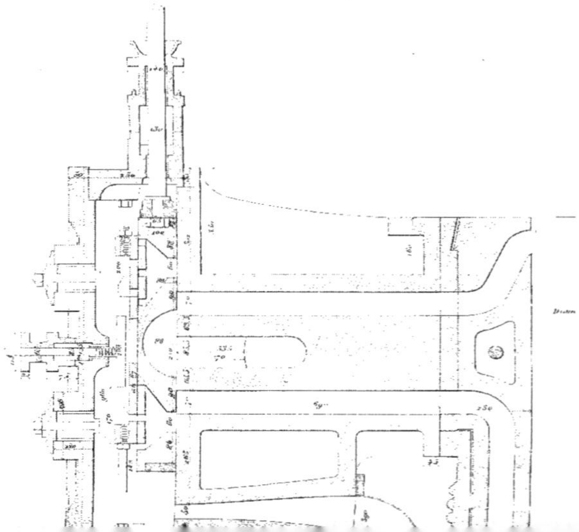

Echelle de 0m.10 par mètre.

Dressé par l'Inspecteur Général
Directeur des Eaux et Egouts
Paris, le 1er Août 1874.
E. Belgrand

Wuhrer, Rue de l'Abbé de l'Epée prolongée

Paris, Imp. Dufrénoy

CHAUDIÈRES

Coupe longitudinale

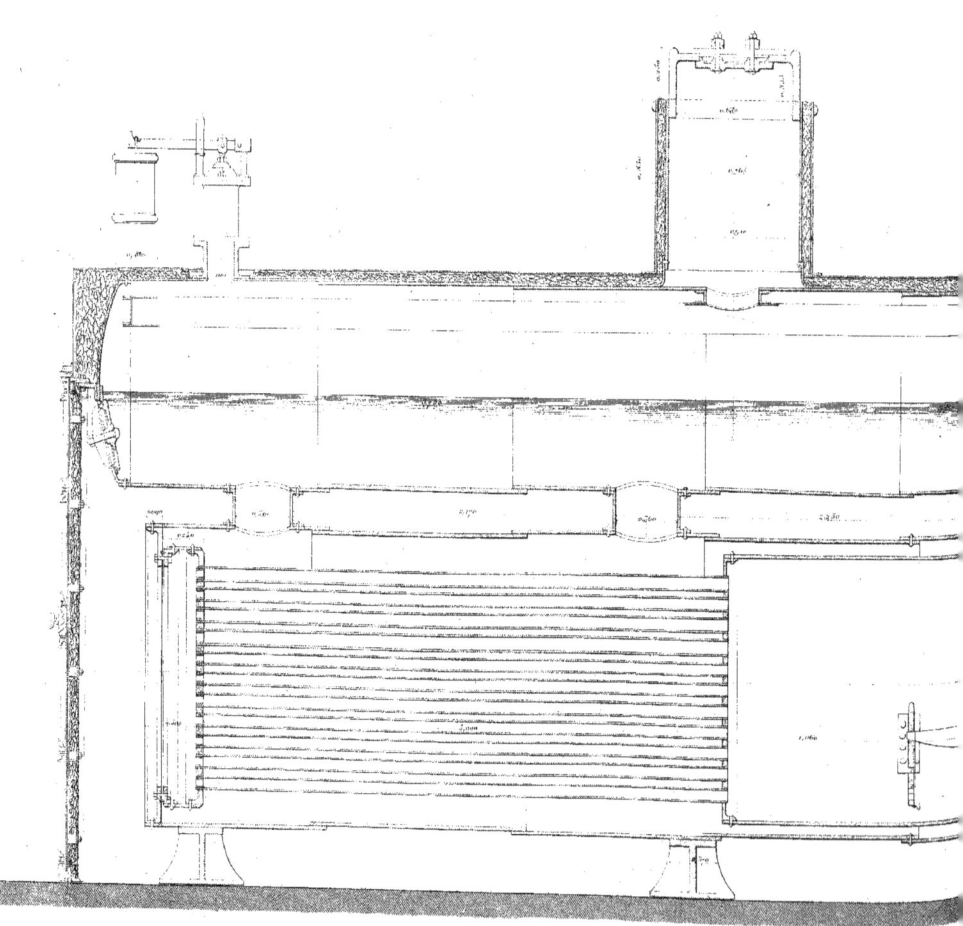

Echelle de 0.m05 par mètre

BULAIRES

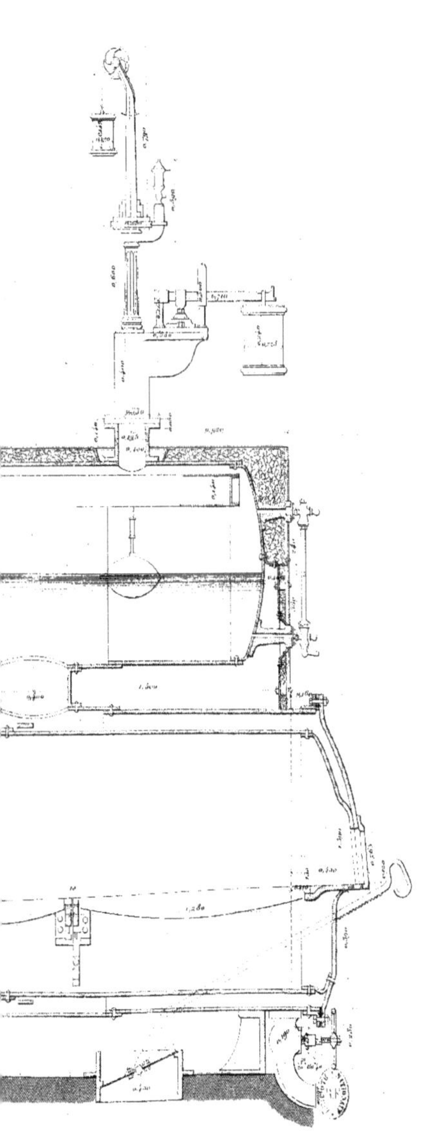

Demi élévation de face

Demi coupe transversale

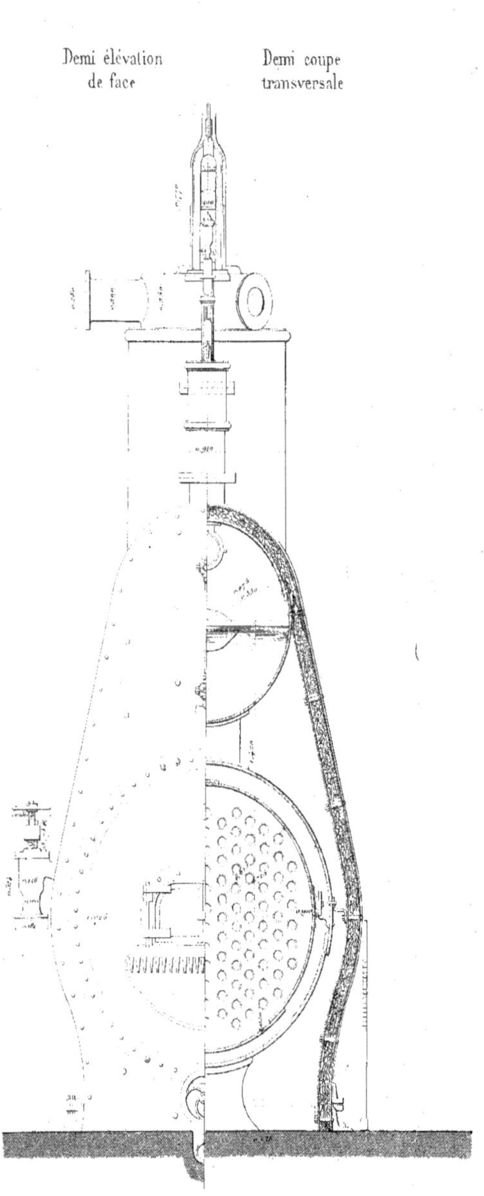

Dressé par l'Inspecteur Général.
Directeur des Eaux et Égouts.
Paris, le 1er Août 1874.

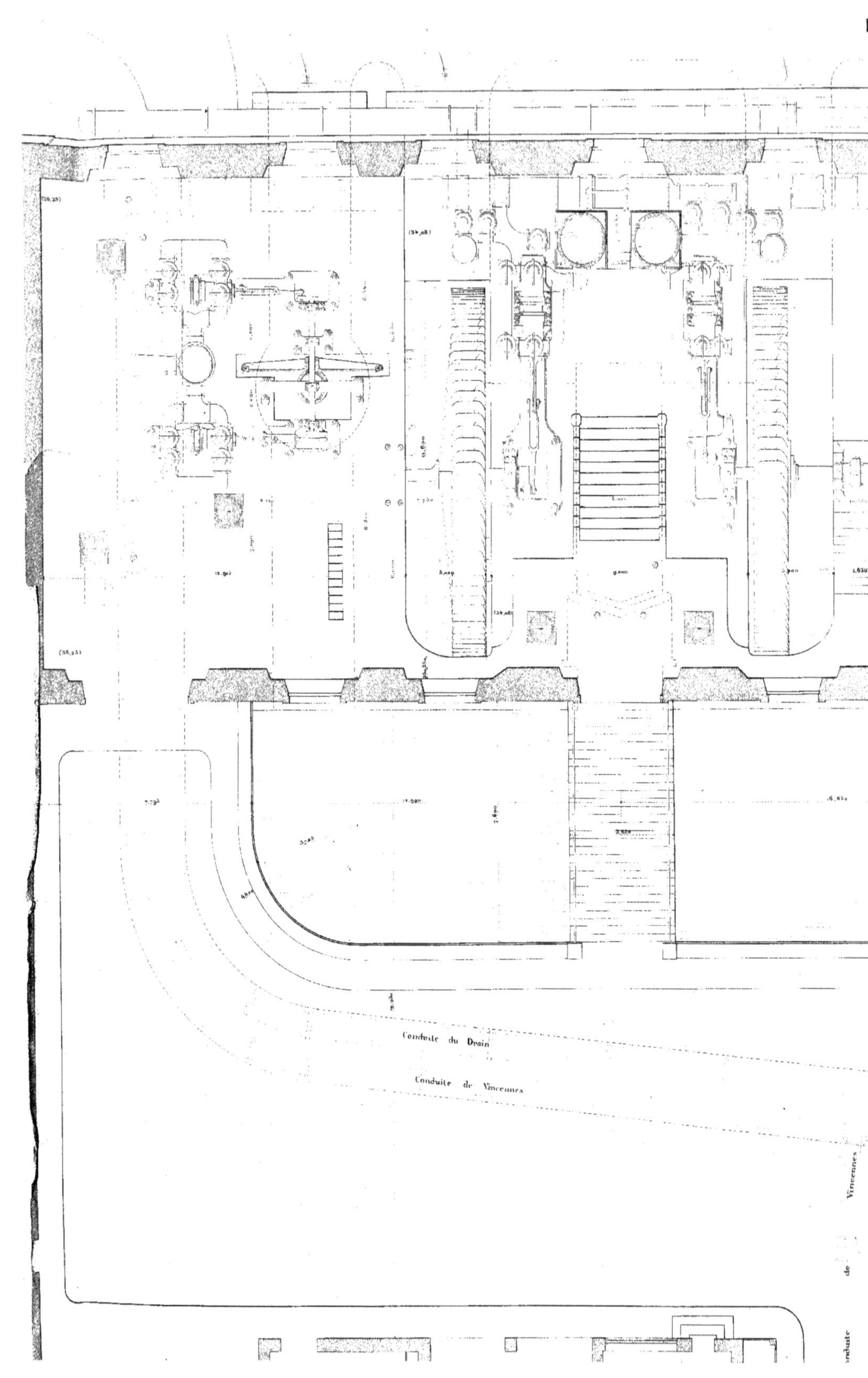

Conduite du Drain
Conduite de Vincennes

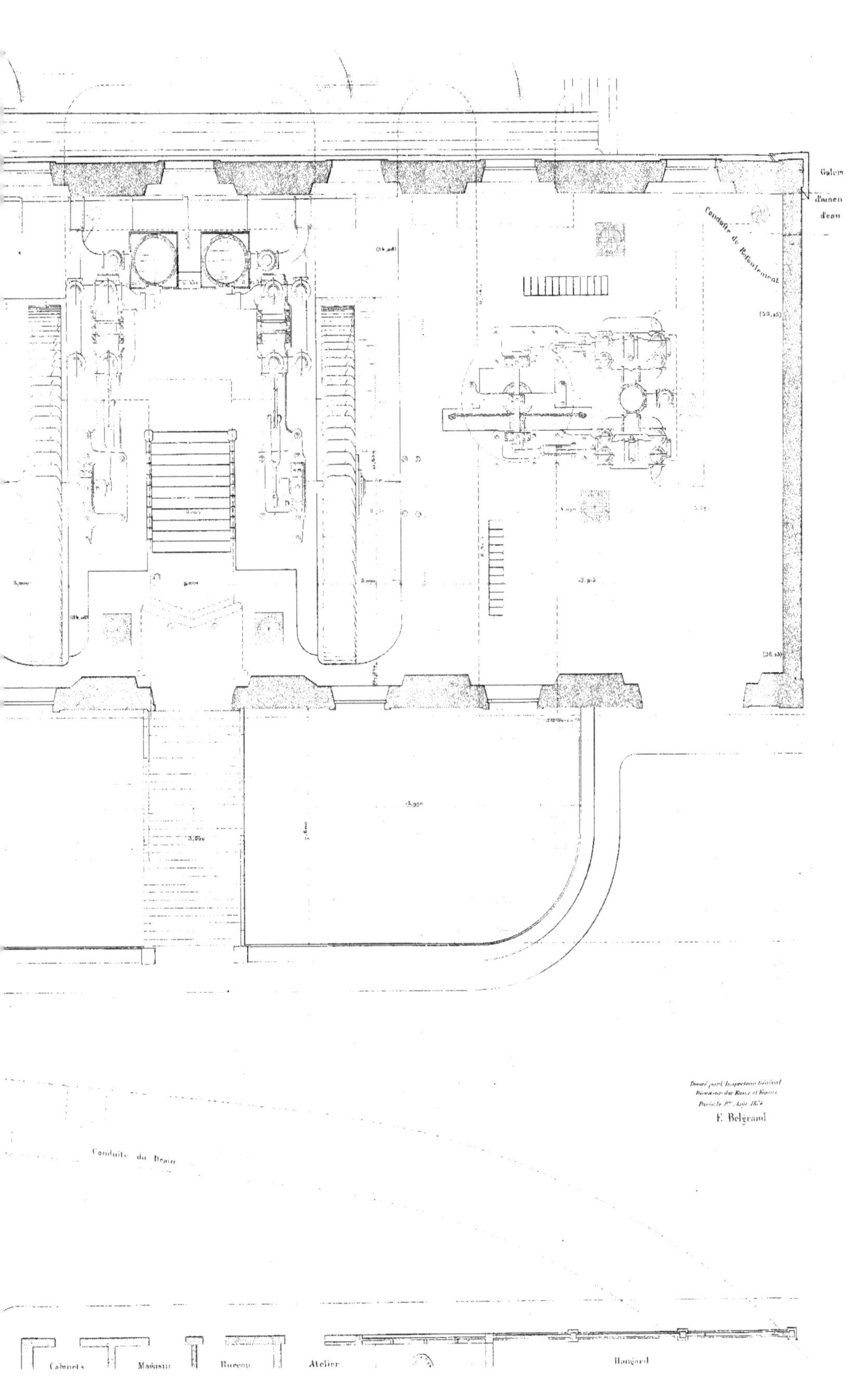
Galerie
d'amenée
d'eau
Conduite de Refoulement
Dressé par l'Inspecteur Général
Directeur des Eaux et Égouts
Paris le 1er Août 1874
E. Belgrand
Conduite du Drain
Cabinets
Magasin
Bureau
Atelier
Hangard

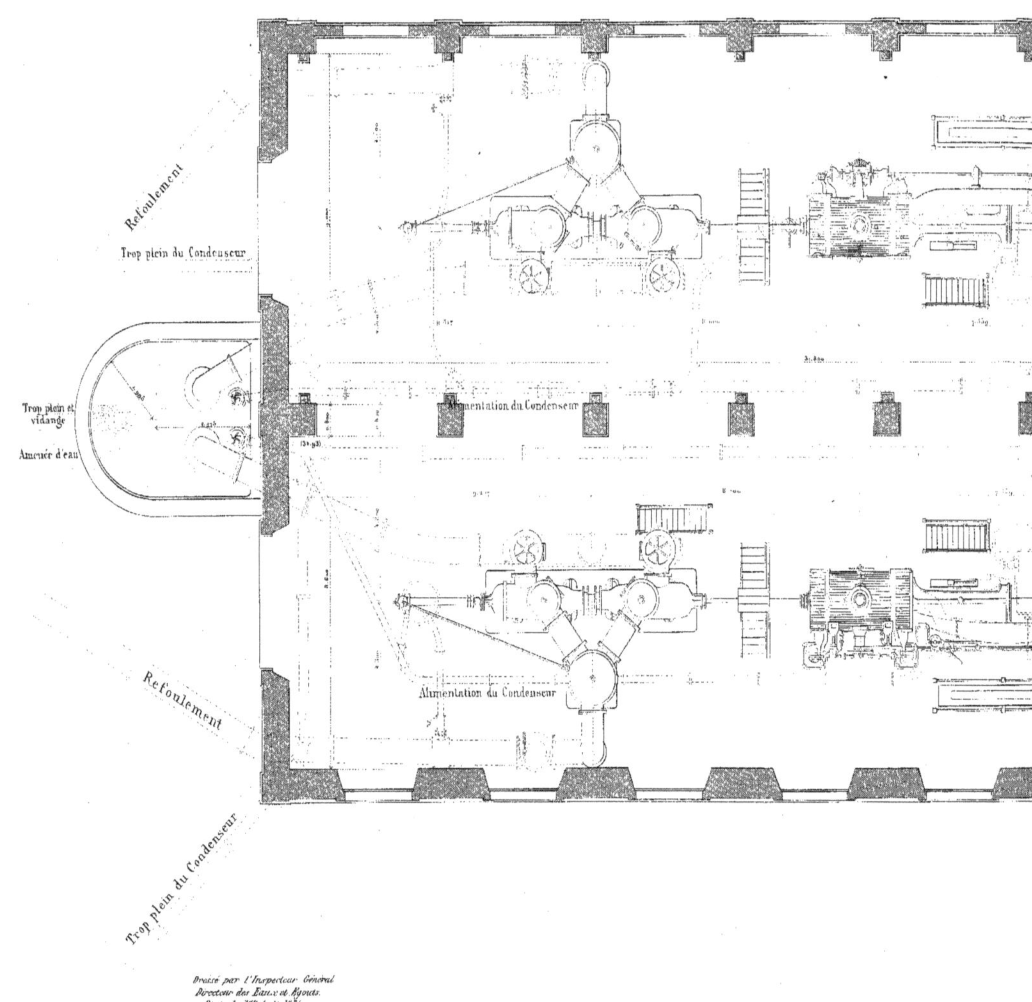

Dressé par l'Inspecteur Général
Directeur des Eaux et Égouts.
Paris, le 1er Août 1874.
E. Belgrand

Echelle de $0^{m}.01$ pour mètre

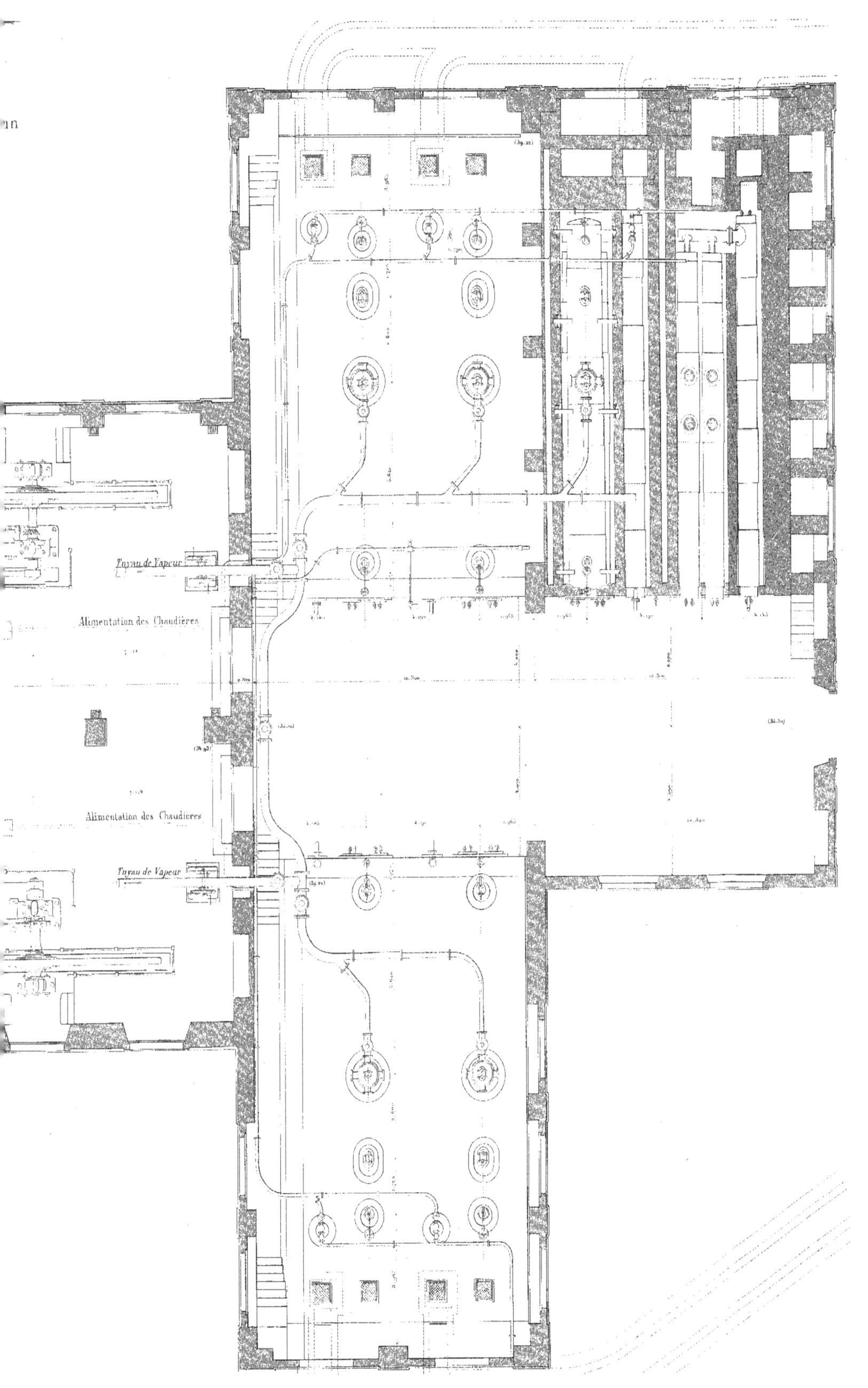

Tuyau de Vapeur
Alimentation des Chaudières
Alimentation des Chaudières
Tuyau de Vapeur

USINE HYDRAULIQU

VUE PRISE D

UE DE S^T MAUR

D'AVAL

USINE HYDRAU

VUE DE LA PR

QUE DE ST MAUR
D'EAU EN MARNE

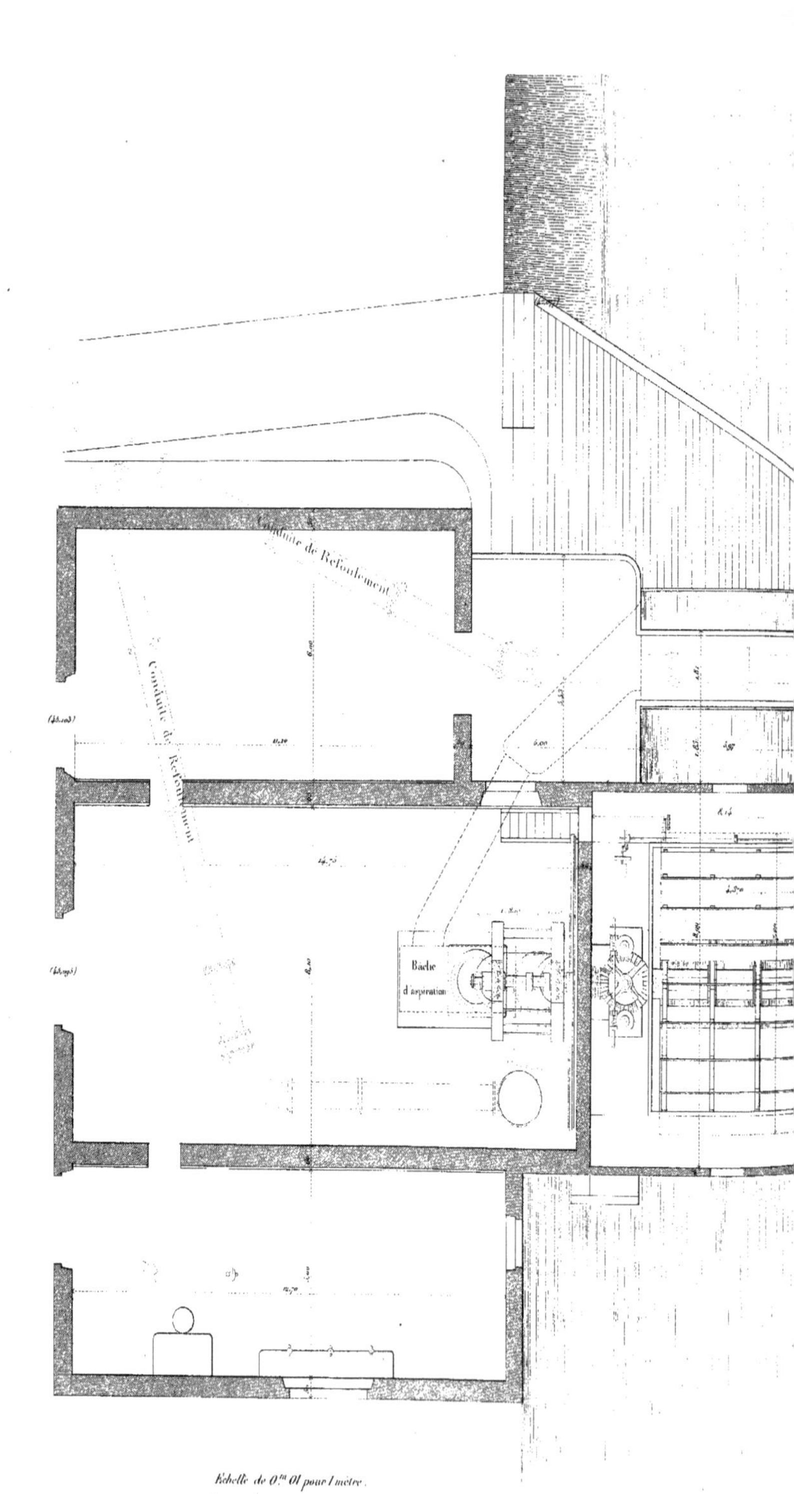

Echelle de 0.m 01 pour 1 mètre.

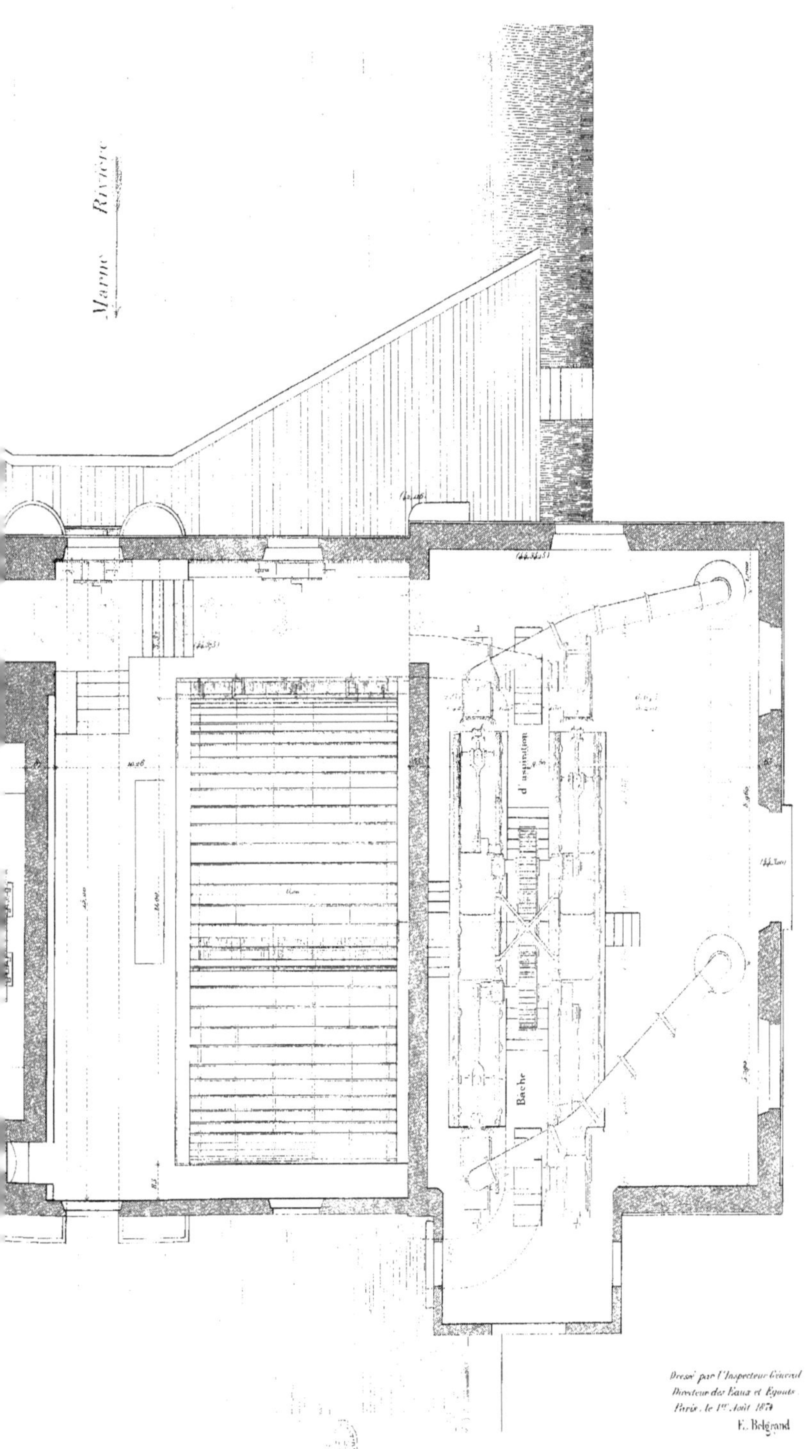
Marne
Rivière
Bache d'aspiration
Dressé par l'Inspecteur Général
Directeur des Eaux et Égouts
Paris, le 1er Août 1874
E. Belgrand

USINE DE TRILBARDOU.

Coupes

Pompe Farcot.

Niveau d'amont (40.30)

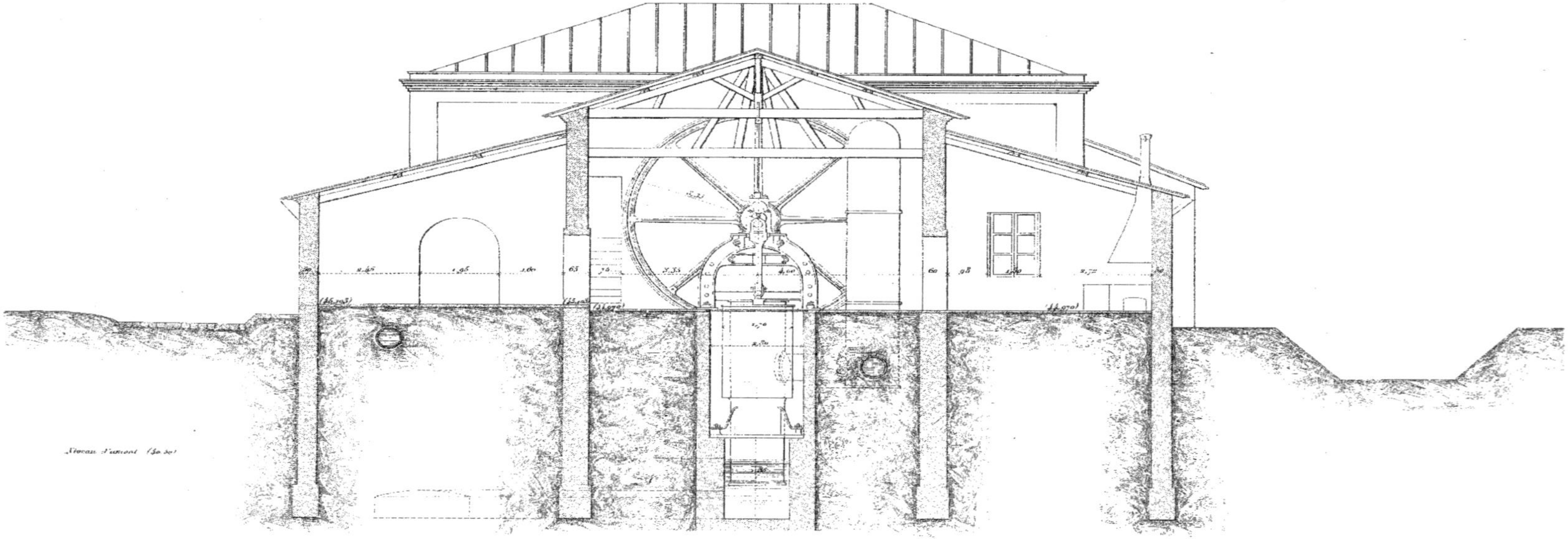

Roue Sagebien

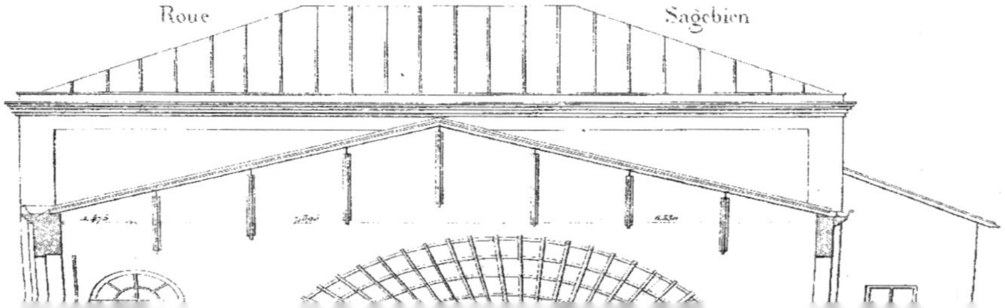

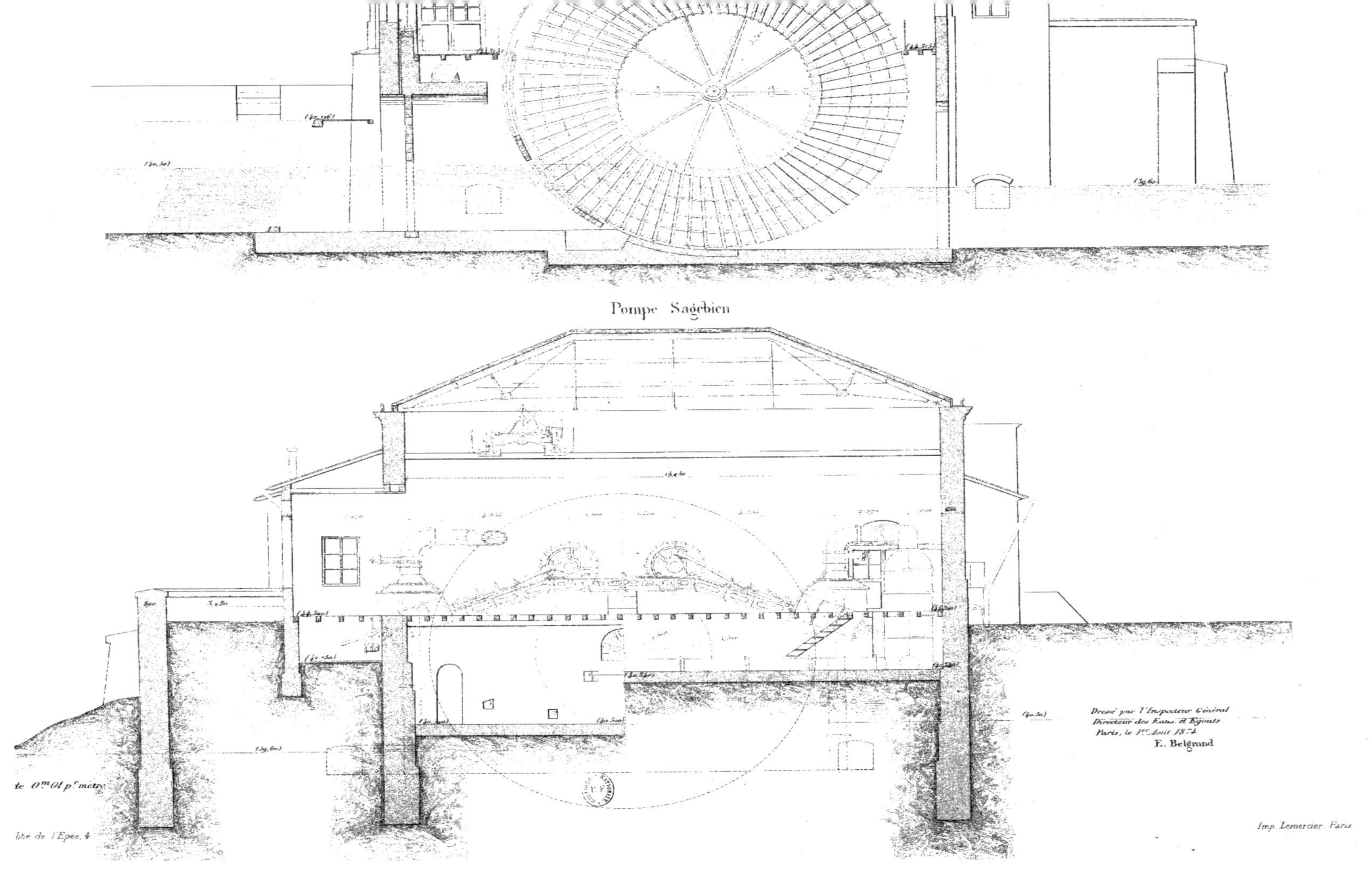
Pompe Sagebien
Dressé par l'Inspecteur Général
Directeur des Eaux & Egouts
Paris, le 1er Août 1874
E. Belgrand
te 0m,01 pr mètre
bbe de l'Epee, 4
Imp. Lemercier, Paris

USINE DE

VUE PR

RILBARDOU

É D'AVAL

USINE DE

ENTRÉE DU

RILBARDOU
NAL D'AMENÉE

USINE HYDRAULIQUE D'ISLES-LES-MELDEUSES

SEINE ET MARNE

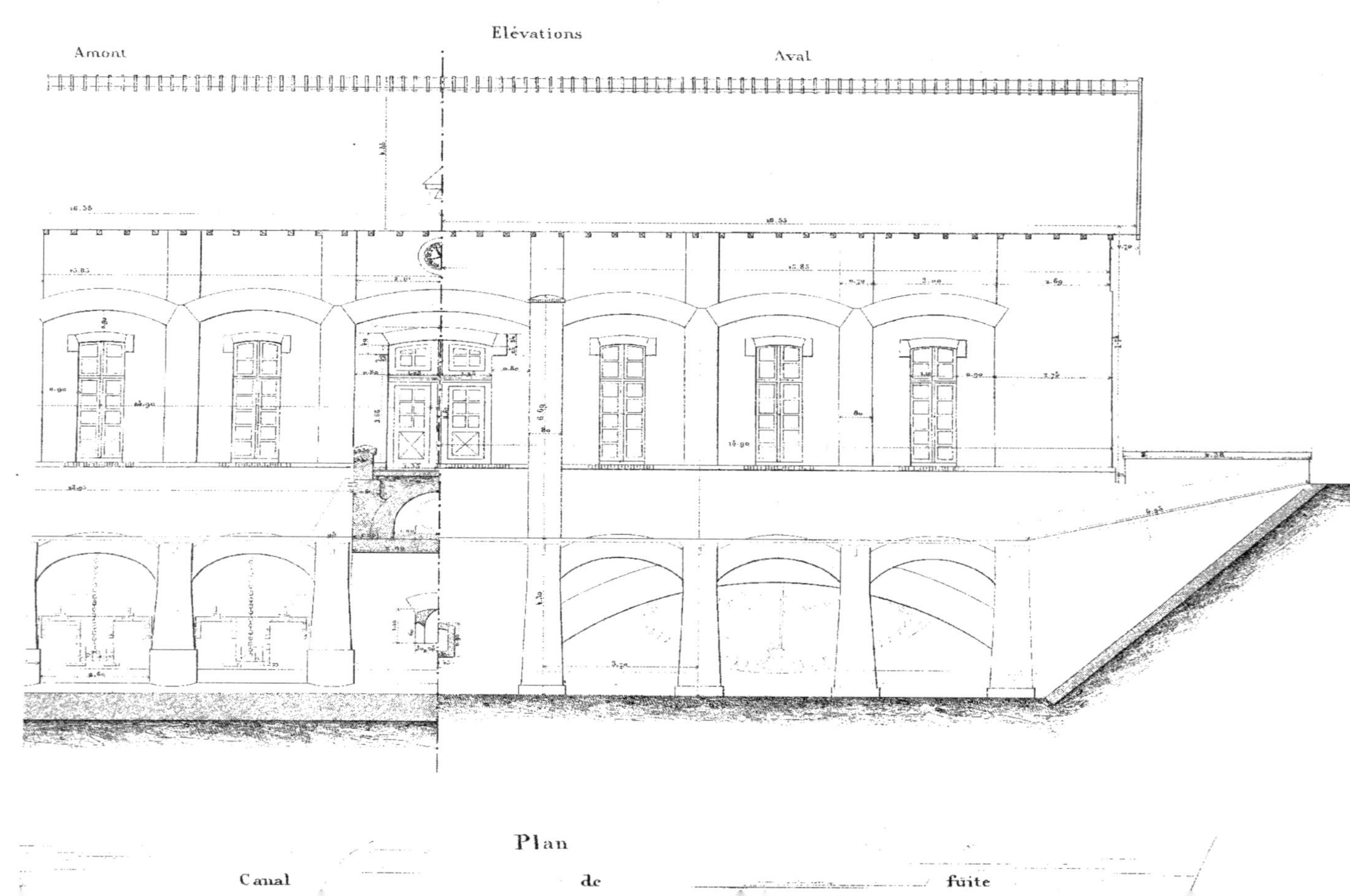

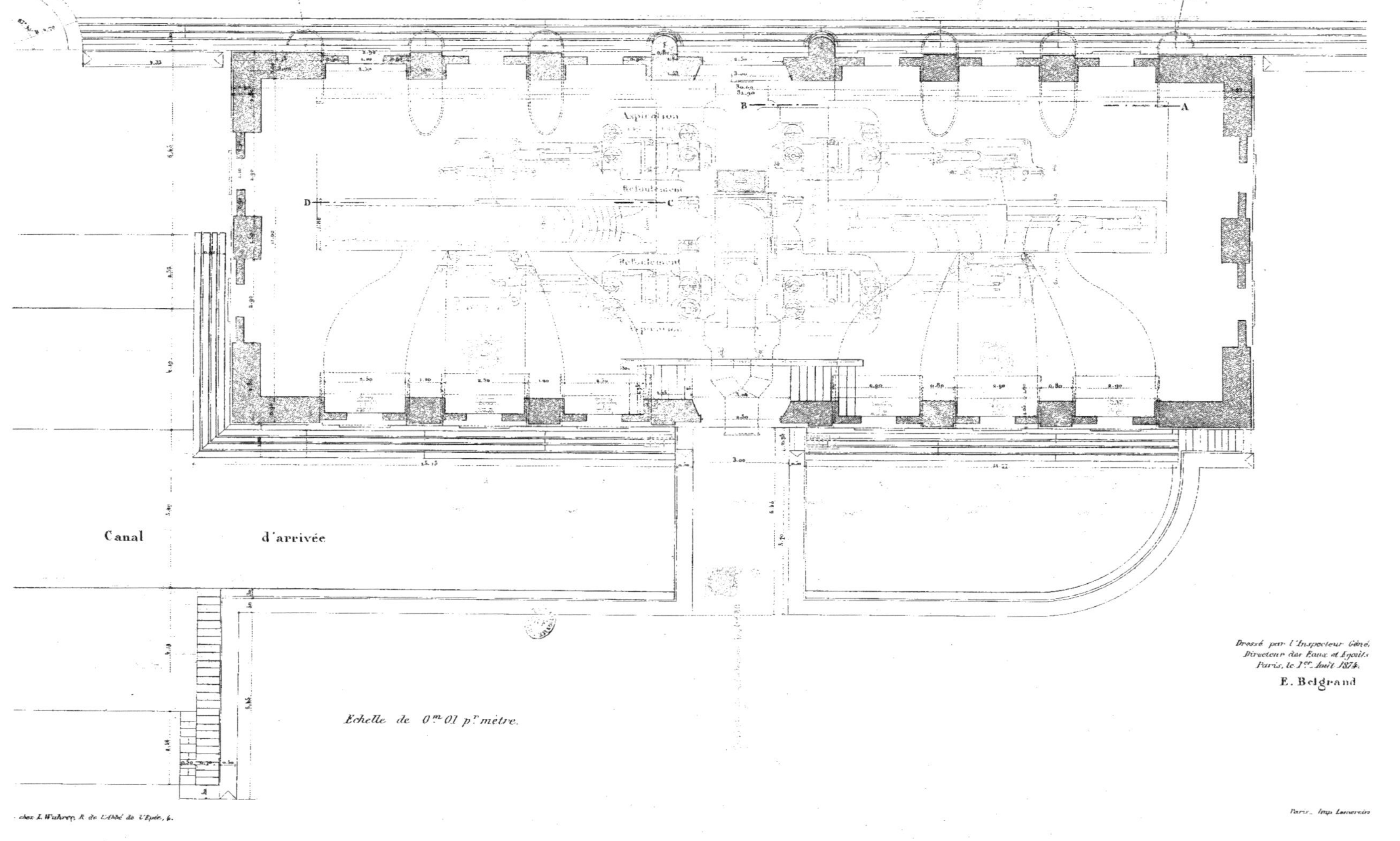
Aspiration
Refoulement
Refoulement
Aspiration
A
B
C
D
Canal
d'arrivée
Echelle de 0m.01 pr. mètre.
Dressé par l'Inspecteur Génl.
Directeur des Eaux et Egouts
Paris, le 1er. Août 1874.
E. Belgrand
chez L. Wuhrer, R. de l'Abbé de l'Epée, 4.
Paris. Imp. Lemercier

Pl

USINE HYDRAULIQUE D'ISLES-LES-MELDEUSES

SEINE ET MARNE

Coupe transversale

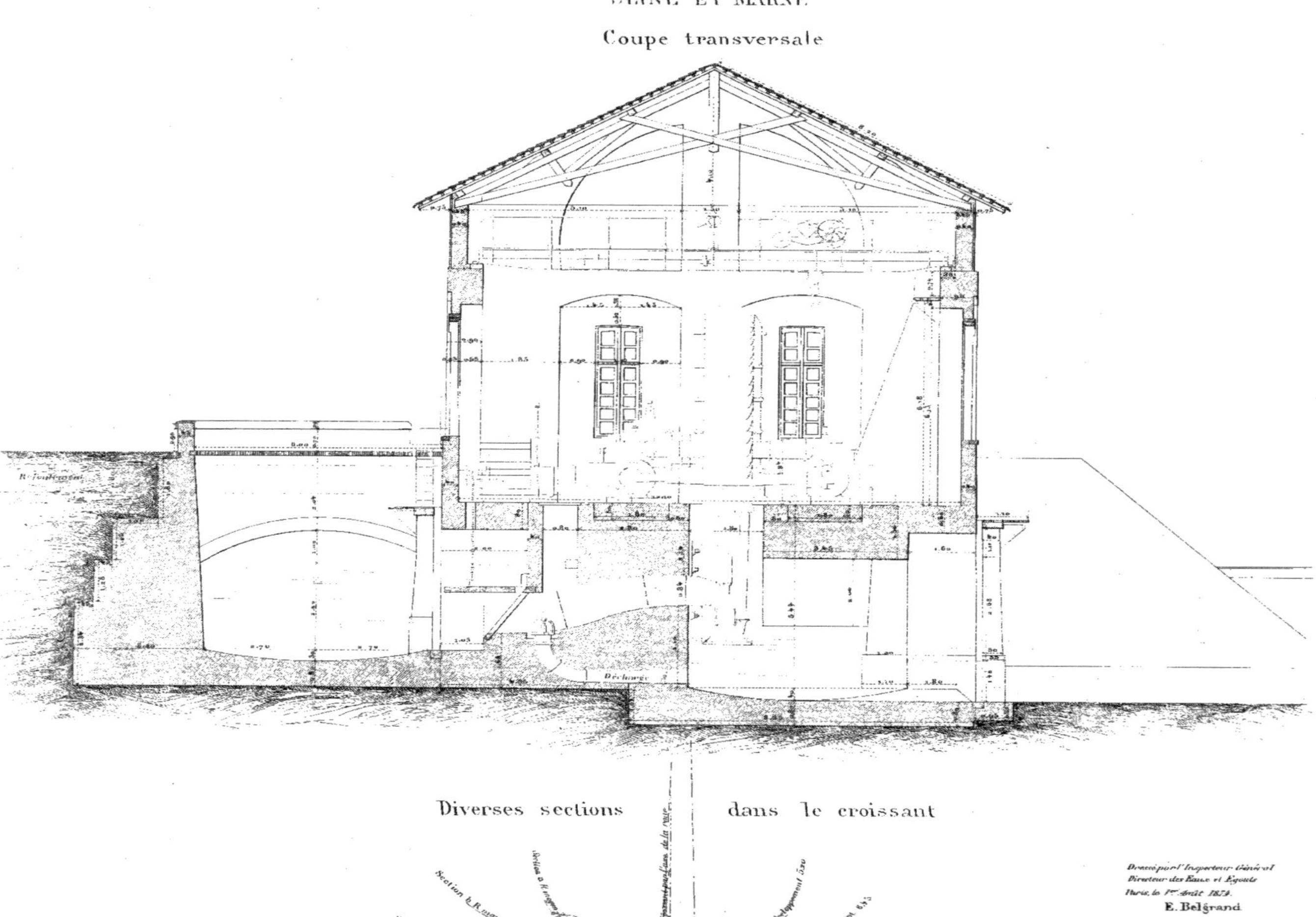

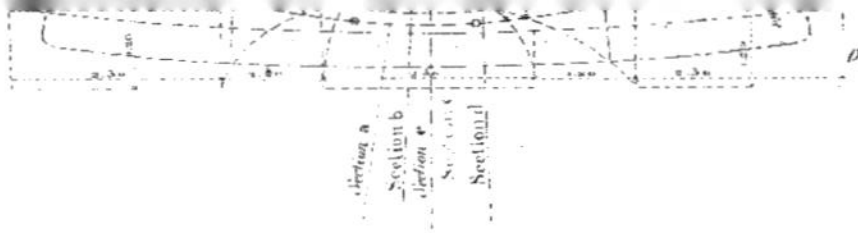

Section c & moyen infini

Développement 9.90

Section a

Section b

Section c

Section d

Coupes longitudinales

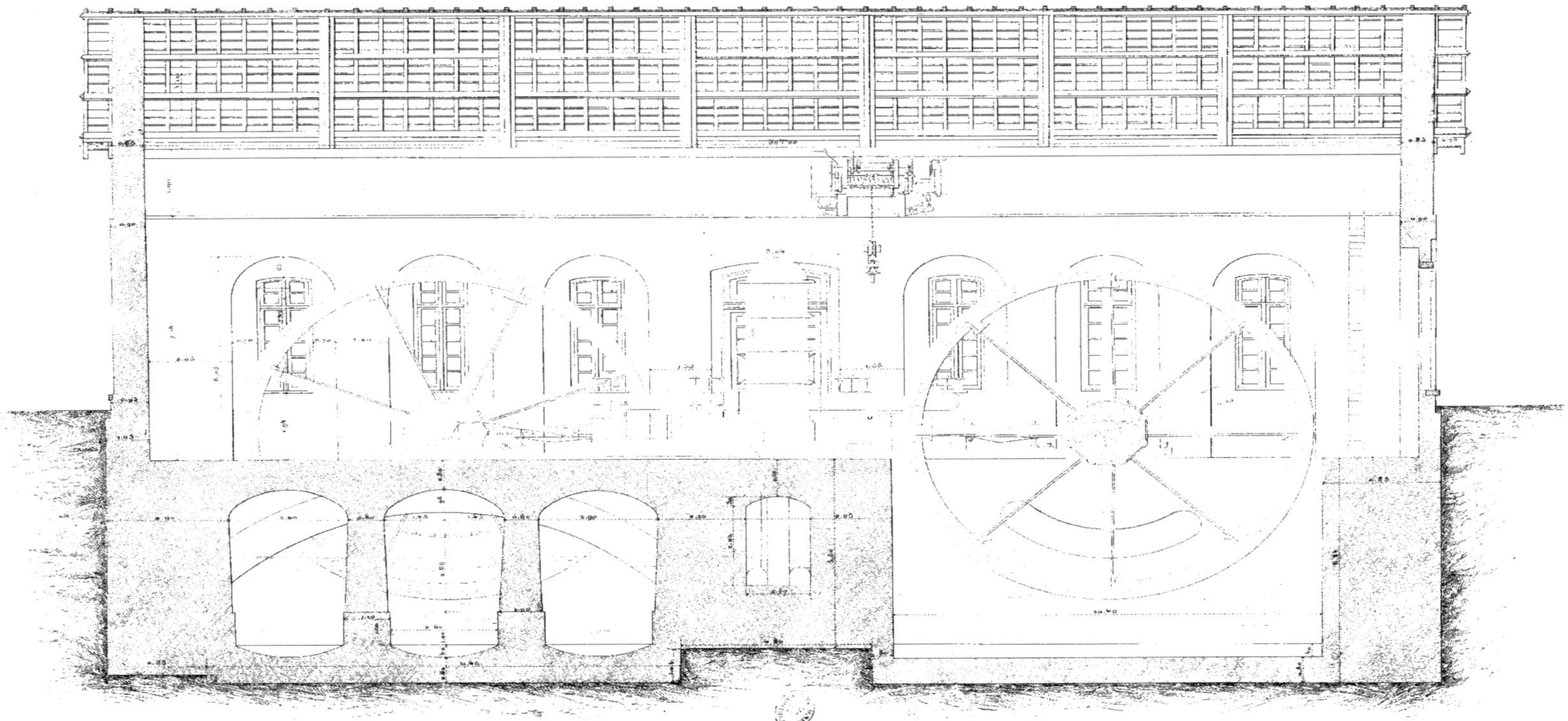

Suivant AB

Suivant CD

Echelle de 0.01 pour mètre.

chez J. Wührer R. de l'Abbé de l'Epée, 4

Paris - Imp. Lemercier et

USINE D'ISLE

VUE P

S-MELDEUSES

AVA

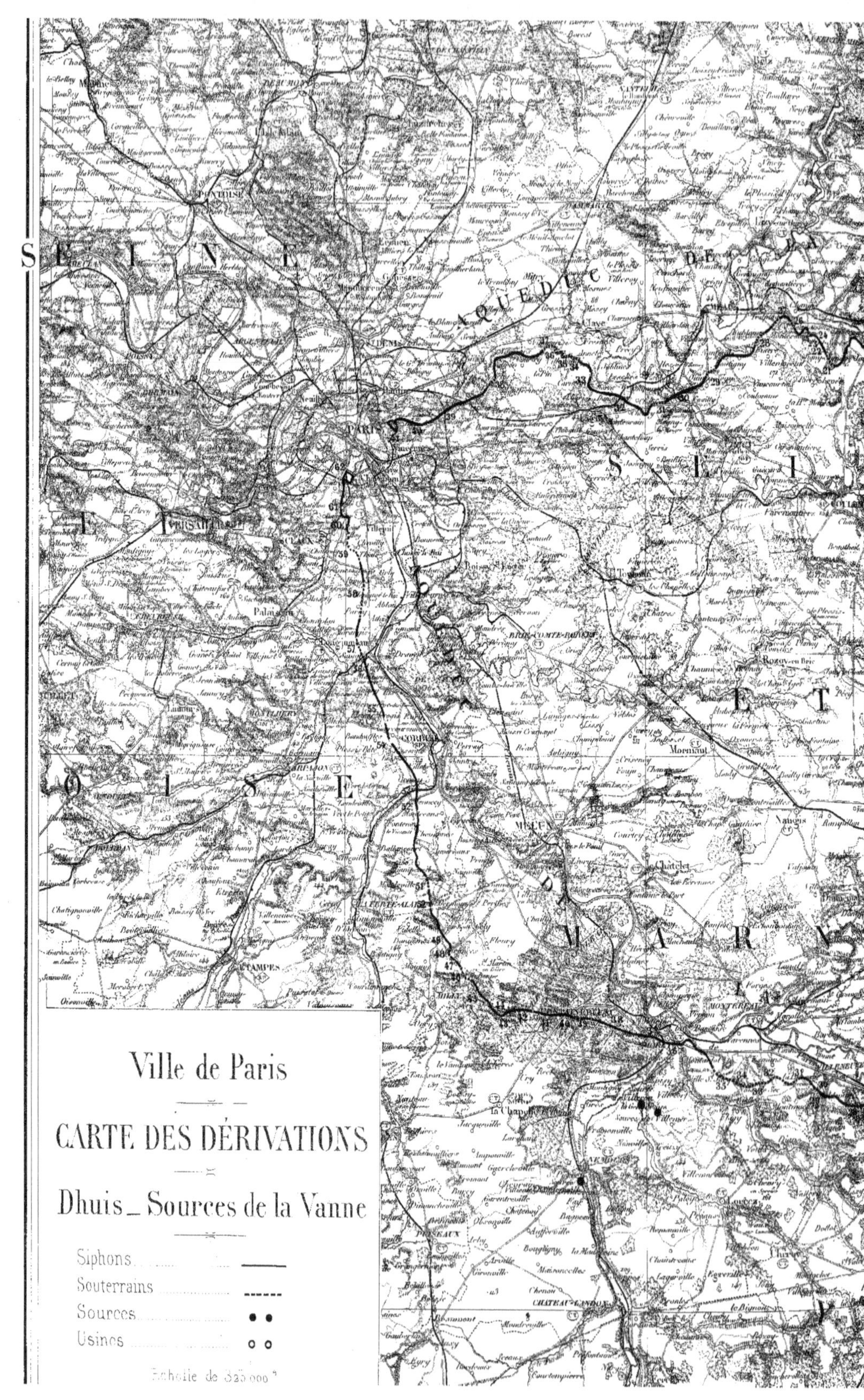
Ville de Paris
CARTE DES DÉRIVATIONS
Dhuis _ Sources de la Vanne
Siphons
Souterrains
Sources
Usines
S E I N E
E T
O I S E
S E I N E
E T
M A R N E
AQUEDUC
PARIS
VERSAILLES
PONTOISE
ETAMPES
CORBEIL
MELUN
MONTEREAU
NEMOURS
CHATEAU-LANDON
BRIE-COMTE-ROBERT
Palaiseau
Mormant
Nangis
Rozoy en Brie
Chatelet

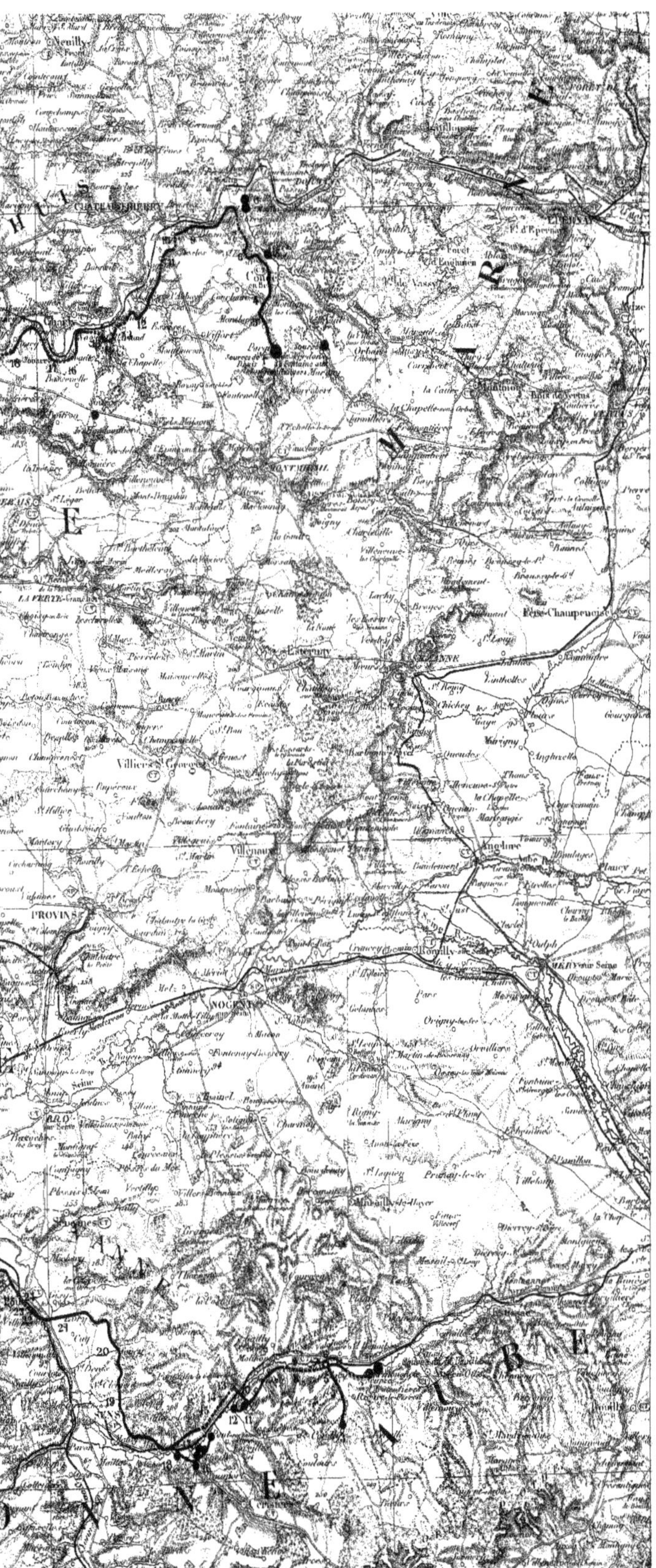

LÉGENDE

DÉRIVATION DE LA DHUIS.

1 Sources de la Dhuis.
2 Source de Verdon.
3 Siphon de Montlevon.
4 Id. de Coupigny.
5 Source du Moulin.
6 Siphon Saint-Eugène.
7 Souterrain de Connigis.
8 Source du Moulin de Bas-Paroi.
9 Siphon de Chierry.
10 Souterrain de Nesles.
11 Id. de Nogentel.
12 Siphon de Chézy.
13 Souterrain de la Montagne-Sacrée.
14 Siphon de Nogent-l'Artaud.
15 Souterrain de Nogent.
16 Id. de Pisseloup.
17 Siphon de Pisseloup.
18 Id. de Sascy.
19 Souterrain de Mont-Ménard.
20 Siphon de Courcelles.
21 Souterrain de Peyreuse.
22 Siphon de Signy-Signets.
23 Souterrain de Sammeron.
24 Id. de Montretout.
25 Siphon d'Arpentigny.
26 Souterrain de Saint-Jean.
27 Id. de Montceaux.
28 Id. de Brinche.
29 Id. de Quincy.
30 Siphon du Grand-Morin.
31 Souterrain de Coupvray.
32 Siphon de la Marne.
33 Id. de Carnetin.
34 Souterrain des Bois-Saint-Martin.
35 Id. de Montjay.
36 Id. de Gros-Bois.
37 Id. du Pin.
38 Id. de Clichy.
39 Siphon de Villemomble.
40 Souterrain de Bagnolet.
41 Réservoirs de Ménilmontant.

DÉRIVATION DES SOURCES DE LA VANNE.

1 Source de la Bouillarde.
2 Souterrain d'Armentières.
3 Source de Cérilly.
4 Conduite forcée.
5 Id. Id.
6 Usine de Flacy.
7 Souterrain de Flacy.
8 Id. de la Pique.
9 Id. de Villeneuve-l'Archevêque.
10 Siphon de Chigy.
11 Usine de Chigy.
12 Source de Chigy.
13 Souterrain de Pont-sur-Vanne.
14 Id. de Trémont.
15 Id. de la Poste-de-Theil.
16 Usine de La Forge.
17 Sources de Theil.
18 Usine de Malay-le-Roi.
19 Siphon de Saligny.
20 Id. de Soucy.
21 Id. d'Yonne.
22 Id. d'Oilly.
23 Souterrain de Beaujeu.
24 Id. de Carême.
25 Id. de Chailleuse.
26 Siphon de Villemanoche.
27 Souterrain de Champigny.
28 Id. de Gerjus.
29 Siphon d'Aigremont.
30 Id. de Chevinois.
31 Souterrain de la Brosse-Montceaux
32 Arcades de Fresnes
33 Souterrain du Tertre-Doux.
34 Id. de la Fontenotte.
35 Id. de Ville-Saint-Jacques.
36 Siphon de Moret ou du Loing.
37 Arcades des Sablons.
38 Id. du Grand-Maitre.
39 Souterrain de Bouligny.
40 Arcades de la route de Nemours.
41 Id. id. d'Orléans.
42 Souterrain de la Salamandre.
43 Id. d'Arbonne.
44 Siphon d'Arbonne.
45 Arcades de Noisy-sur-École
46 Souterrain de Coquibu.
47 Siphon du Mont-Rougel.
48 Souterrain de Thurelles.
49 Siphon de Dannemois.
50 Souterrain de la Padole.
51 Id. de Beauvais.
52 Arcades de Chevannes.
53 Siphon de l'Essonne.
54 Arcades des Courcouronnes.
55 Id. de Ris-Orangis.
56 Siphon d'Orge.
57 Souterrain de Champagne.
58 Id. de Rungis.
59 Id. de l'Hay.
60 Pont-aqueduc d'Arcueil.
61 Siphon du fort de Montrouge.

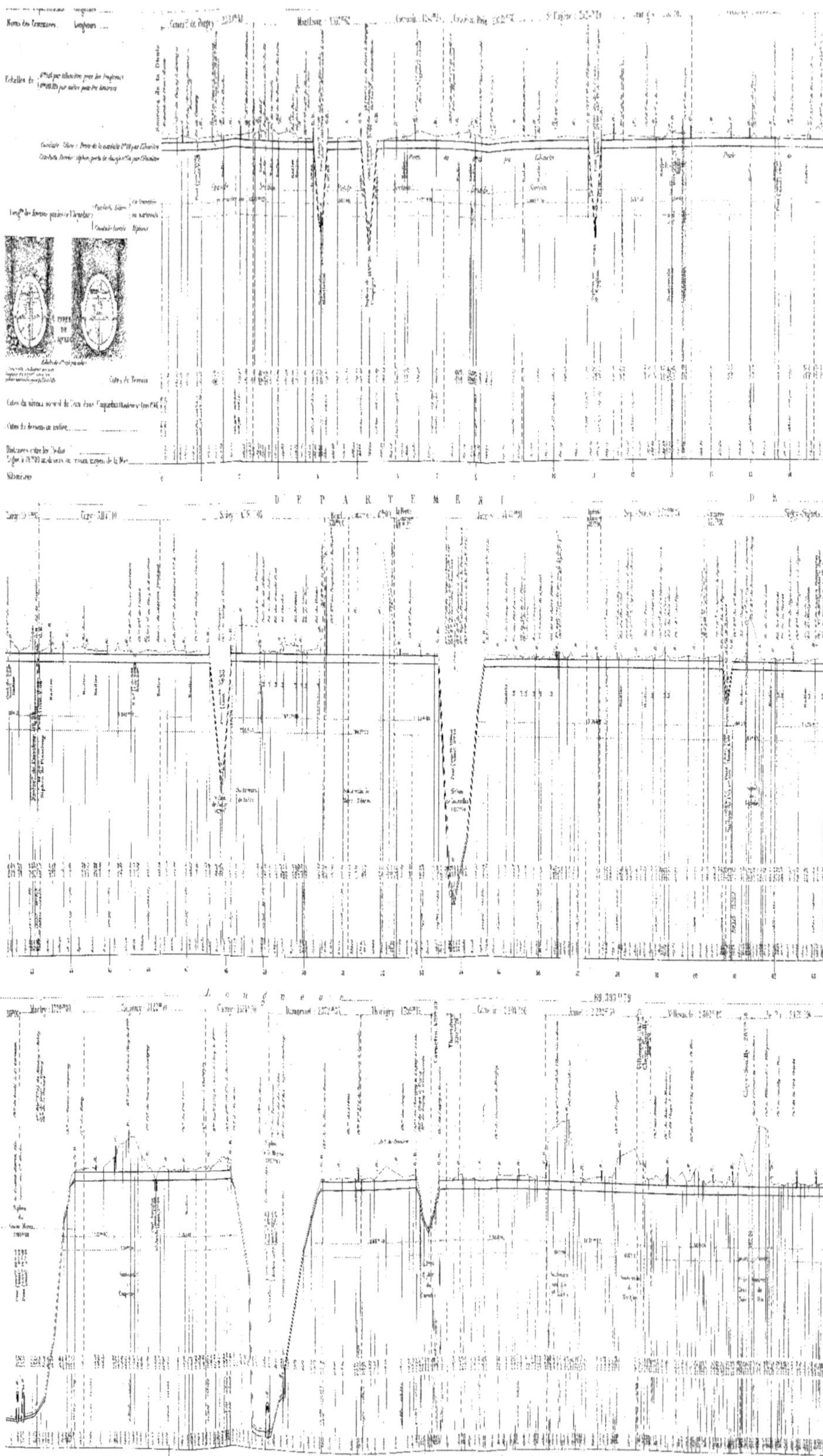

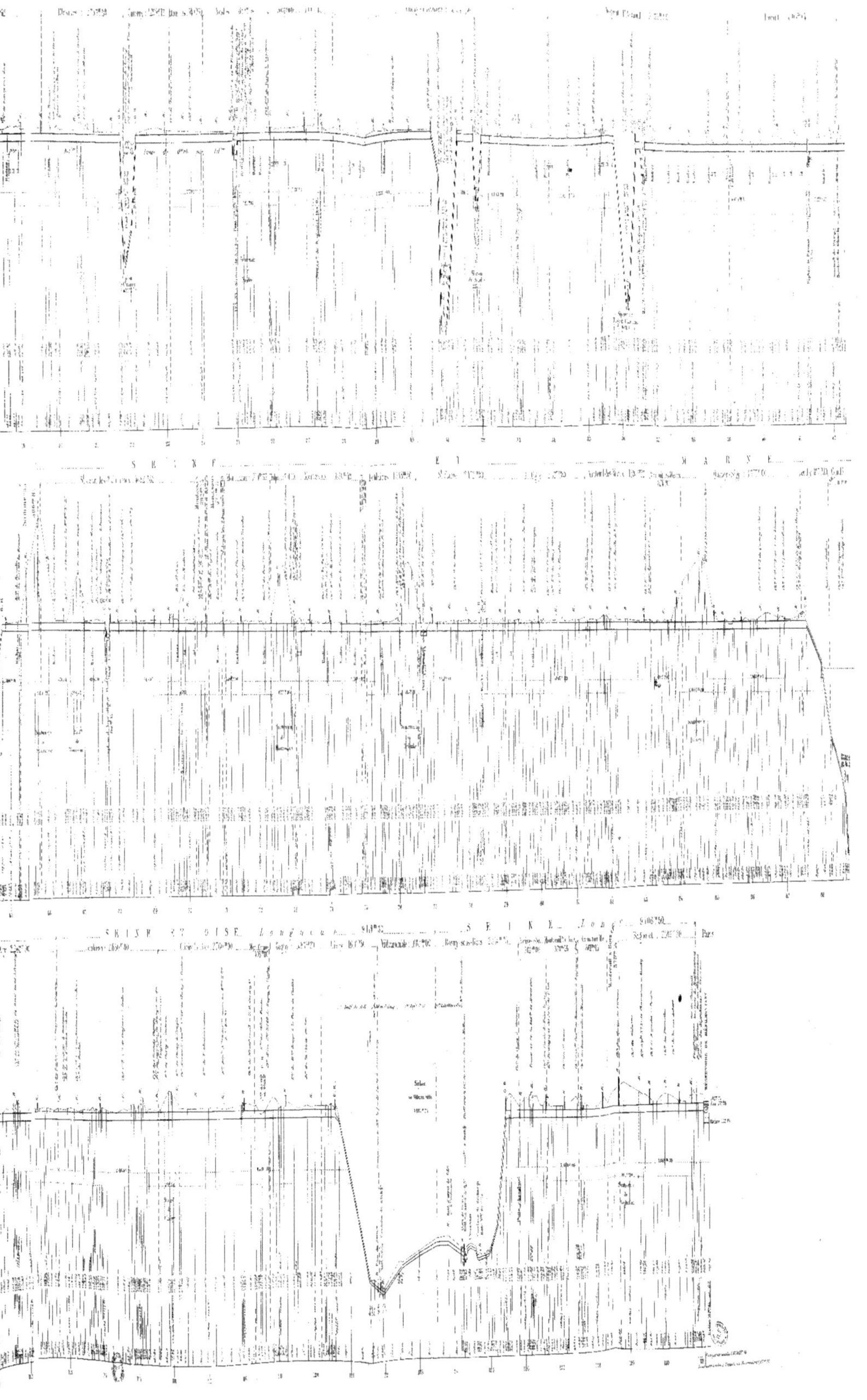

TRAVAUX EN TRANCHÉE A L'ENTRÉE DU BOIS DES DAMES

PONT DE CHÉZY-L'ABBAYE (AISNE)

SUR LE RUISSEAU DU DOLLOIR

État des travaux le 3 Octbre 1864

PONT DE DAMPMART SUR LA MARNE
État des travaux au mois de Mai 1865

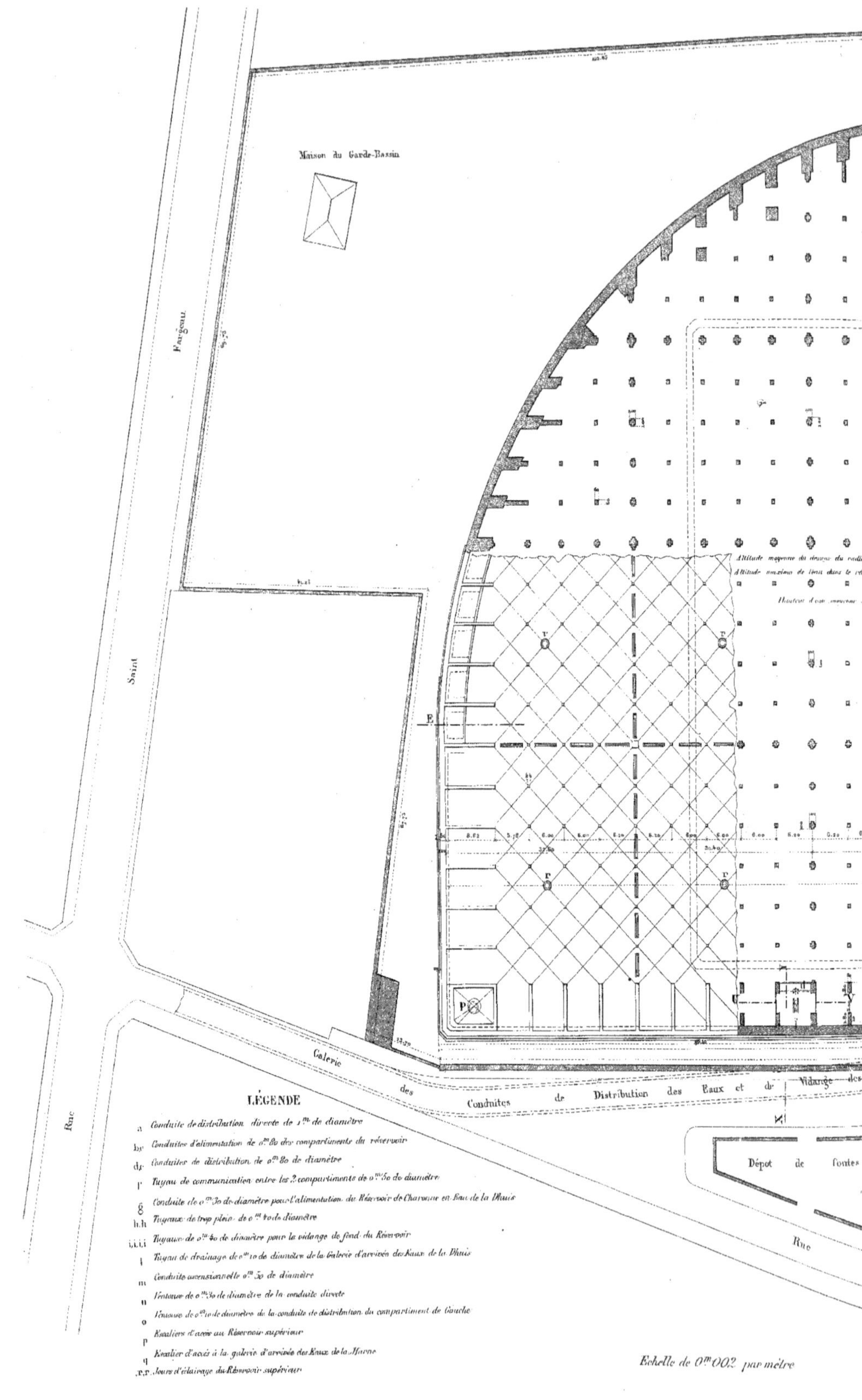
Maison du Garde-Bassin
Rue Saint Fargeau
Galerie des Conduites de Distribution des Eaux et de Vidange des
Dépot de fontes
Rue
Altitude moyenne du dessus du radier
Altitude maxima de l'eau dans le réservoir
LÉGENDE
a Conduite de distribution directe de 1m de diamètre
b,c Conduites d'alimentation de 0m 80 des compartiments du réservoir
d,e Conduites de distribution de 0m 80 de diamètre
f Tuyau de communication entre les 2 compartiments de 0m 50 de diamètre
g Conduite de 0m 30 de diamètre pour l'alimentation du Réservoir de Charonne en Eau de la Dhuis
h,h Tuyaux de trop plein de 0m 40 de diamètre
i,i,i,i Tuyaux de 0m 40 de diamètre pour la vidange de fond du Réservoir
l Tuyau de drainage de 0m 10 de diamètre de la Galerie d'arrivée des Eaux de la Dhuis
m Conduite ascensionnelle 0m 50 de diamètre
n Ventouse de 0m 30 de diamètre de la conduite directe
o Ventouse de 0m 10 de diamètre de la conduite de distribution du compartiment de Gauche
p Escaliers d'accès au Réservoir supérieur
q Escalier d'accès à la galerie d'arrivée des Eaux de la Marne
r,r Jours d'éclairage du Réservoir supérieur
Echelle de 0m 002 par mètre

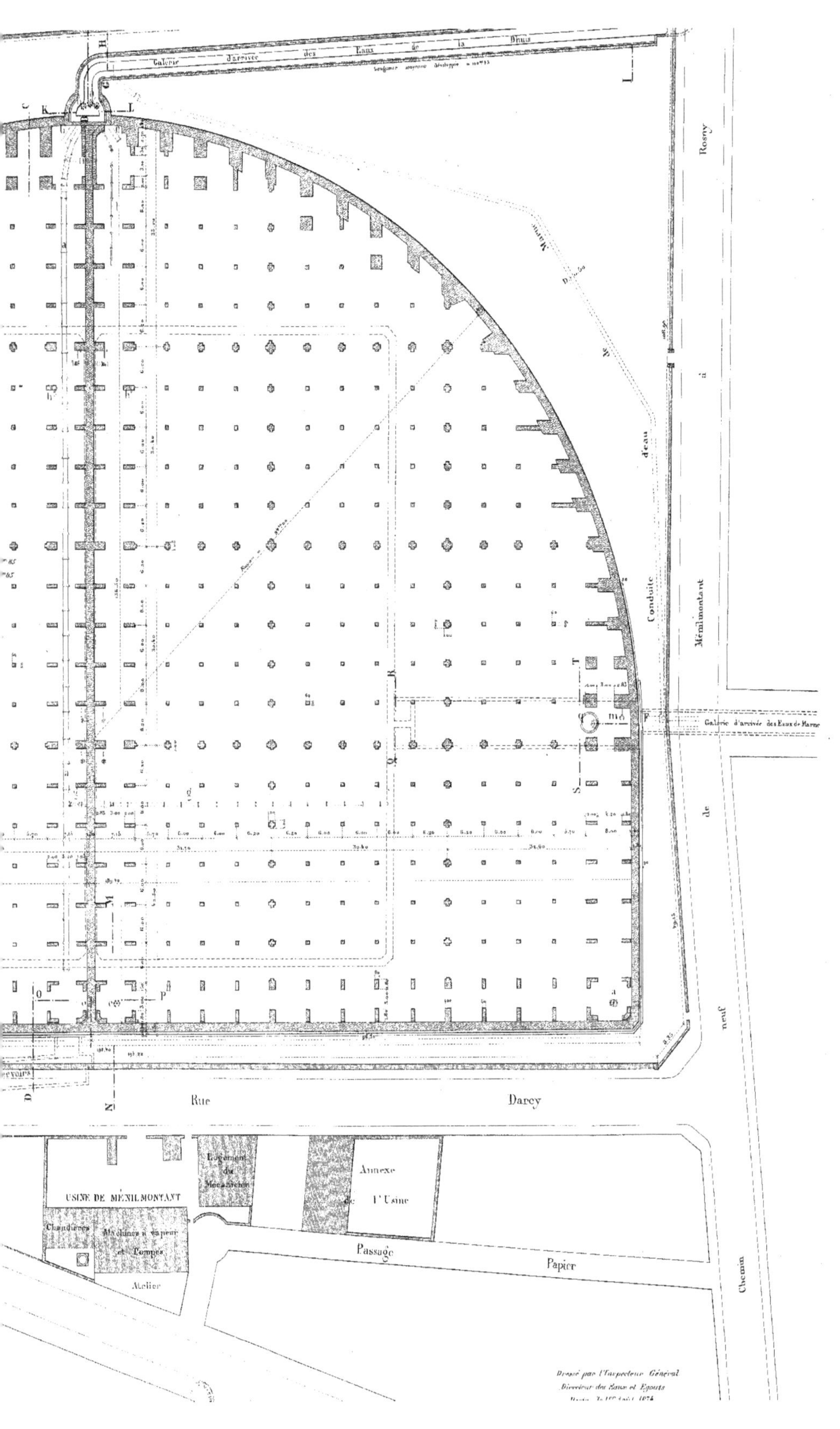
Galerie d'arrivée des Eaux de la Dhuis
Rosny
Conduite d'eau
Ménilmontant
Galerie d'arrivée des Eaux de Marne
Rue
Darcy
Logement du Mécanicien
Annexe de l'Usine
USINE DE MÉNILMONTANT
Chaudières
Machines à vapeur et Pompes
Atelier
Passage
Papier
Chemin neuf de
Dressé par l'Inspecteur Général
Directeur des Eaux et Egouts

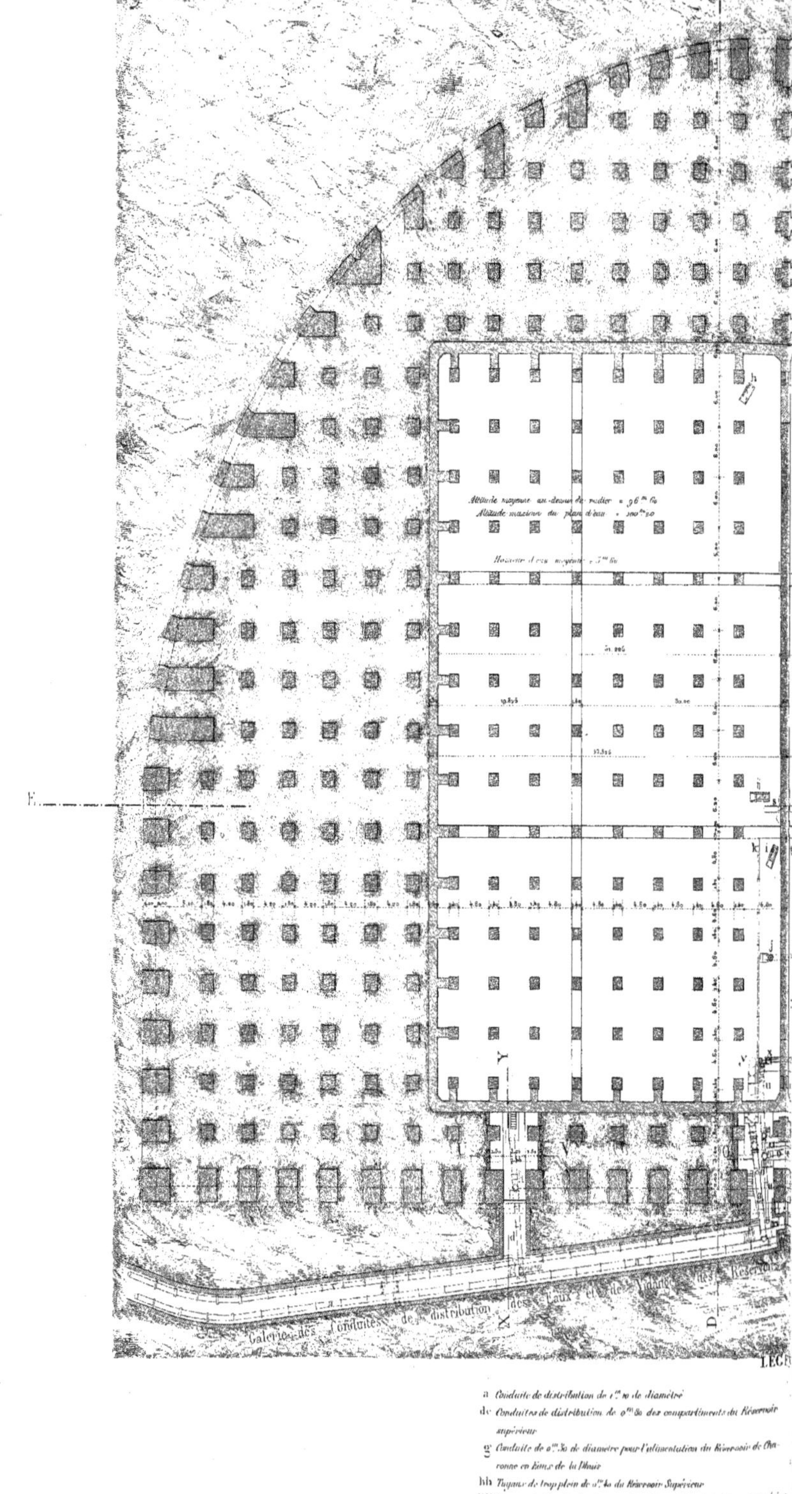

LÉG[illegible]

a Conduite de distribution de 1m 10 de diamètre

dc Conduites de distribution de 0m 80 des compartiments du Réservoir supérieur

g Conduite de 0m 30 de diamètre pour l'alimentation du Réservoir de Charonne en temps de la Dhuis

hh Tuyaux de trop plein de 0m 40 du Réservoir Supérieur

iiii Tuyaux de 0m 10 de diamètre pour la vidange de fond du Réservoir supérieur

j Tuyau de communication de 0m 60 de diamètre entre les 2 compartiments

k Tuyau de drainage de 0m 10 de diamètre du Radier

m Conduite ascensionnelle de 0m 30 de diamètre

o Ventouses de 0m 10 de diamètre des conduites de distribution des compartiments

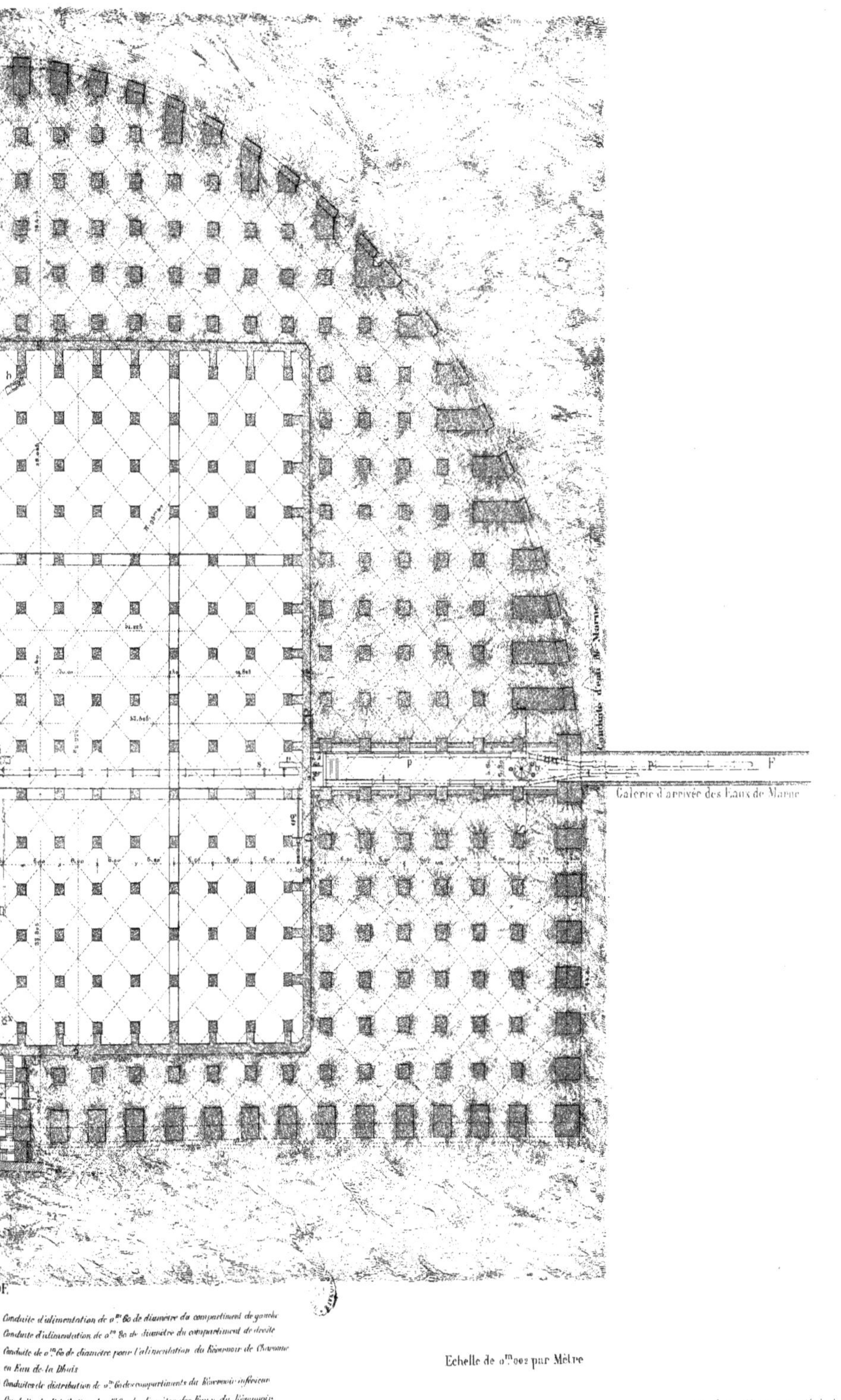

DE.

- Conduite d'alimentation de 0.m 60 de diamètre du compartiment de gauche
- Conduite d'alimentation de 0.m 80 de diamètre du compartiment de droite
- Conduite de 0.m 60 de diamètre pour l'alimentation du Réservoir de Charonne en Eau de la Dhuis
- u Conduites de distribution de 0.m 60 des compartiments du Réservoir inférieur
- Conduite de distribution de 0.m 60 de diamètre des Eaux du Réservoir inférieur
- Conduite de 0.m 80 de Diamètre recevant les Eaux de la vidange du fond du Réservoir et celles du Tuyau de Trop plein du compartiment de gauche
- V Tuyau de trop plein de 1.m 00 de diamètre du compartiment de droite
- b Escalier d'accès de la Galerie d'arrivée des Eaux de la Marne et la

Echelle de 0.m 002 par Mètre

Dressé par l'Inspecteur Général
Directeur des Eaux et des Égouts
Paris le 1er Août 1874.

E. Belgrand.

Galerie d'arrivée des Eaux de la Dhuis

Coupe suivant GH

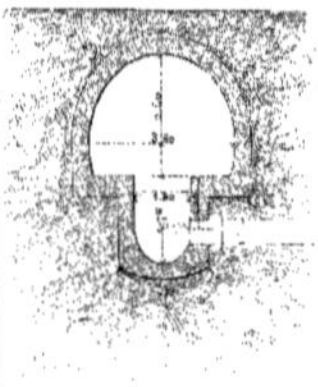

Coupe suiv

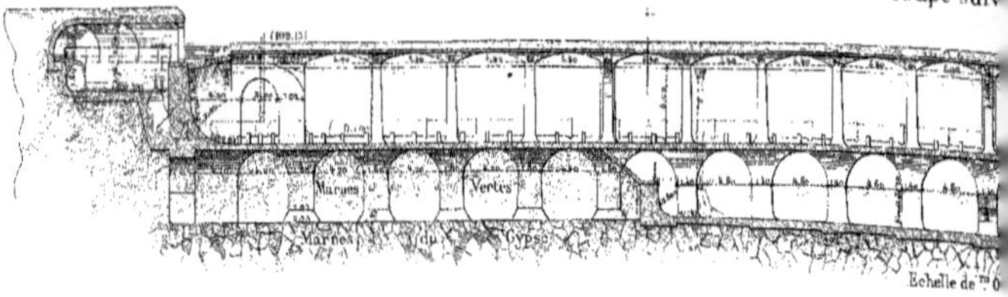

Marnes
Vertes
Marnes du Gypse
Echelle de

Coupe suivant IJ

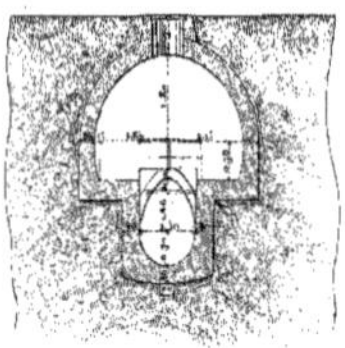

Coupe suivant KL

Coupe

Marnes
Vertes
Marnes du Gypse
Echelle de

Coupe suivant QR

Coupe suivant ST

Dressé par l'Inspecteur Général
Directeur des Eaux et Egouts
Paris le 1er Août 1874

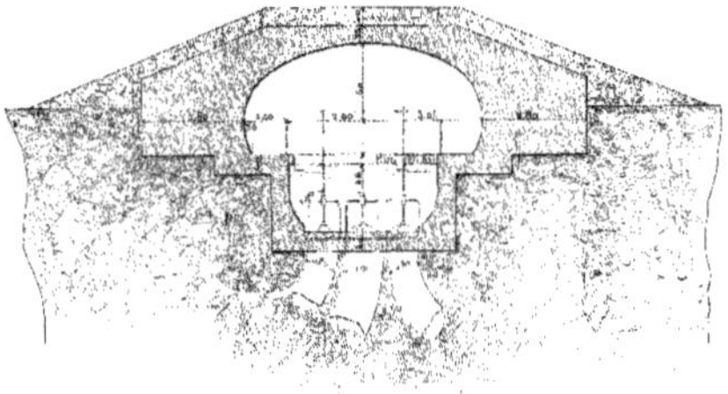

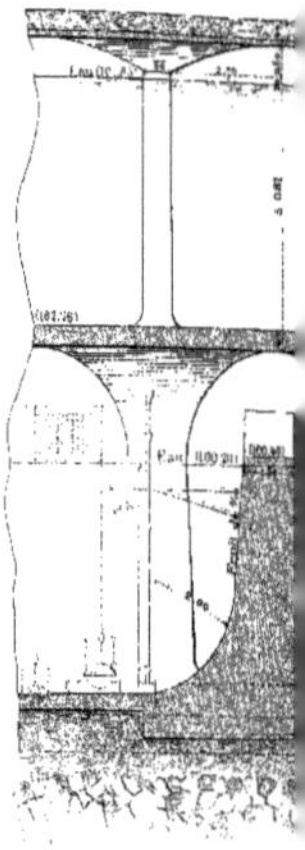

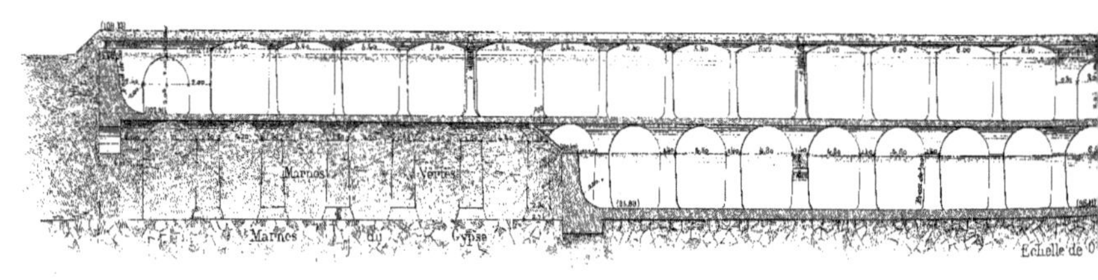

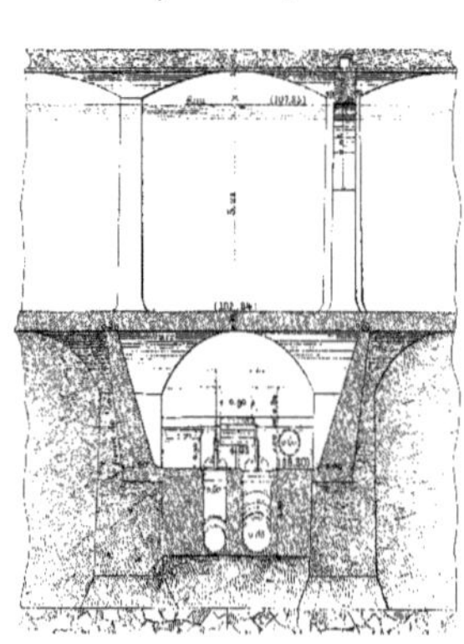

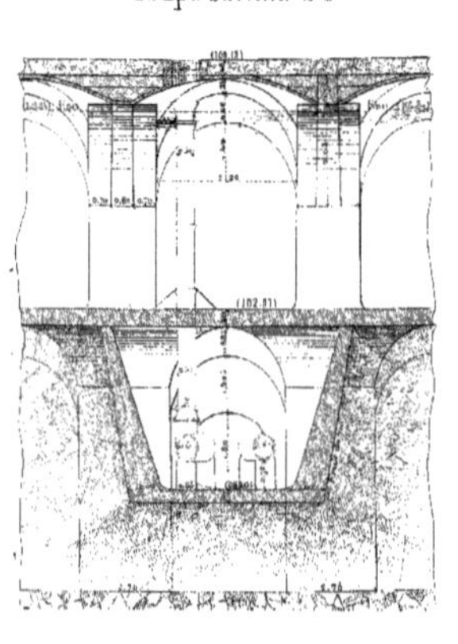

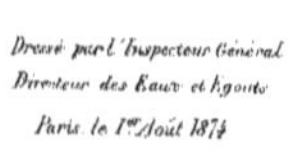

ABCD

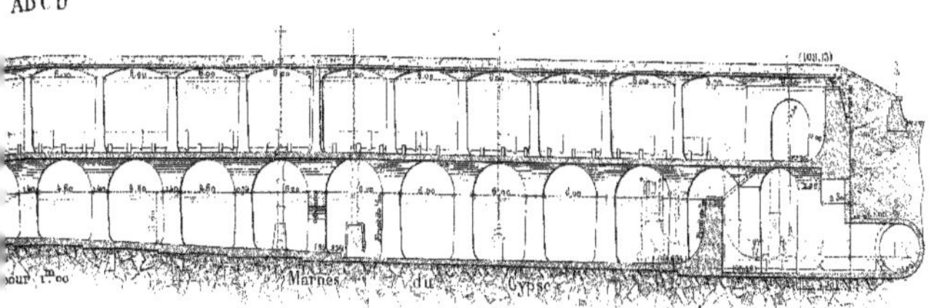

Coupe suivant MN.

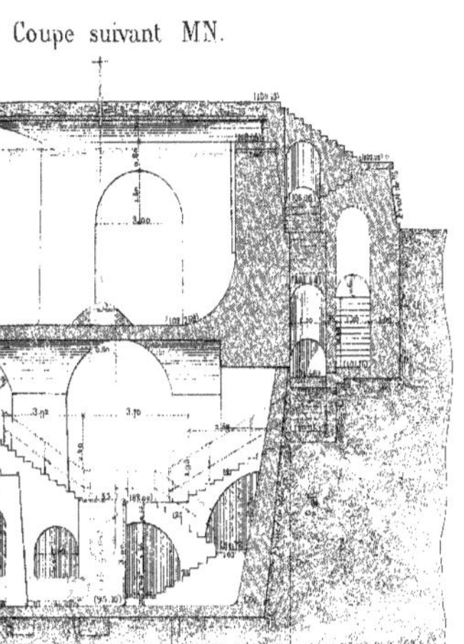

Coupe suivant OP.

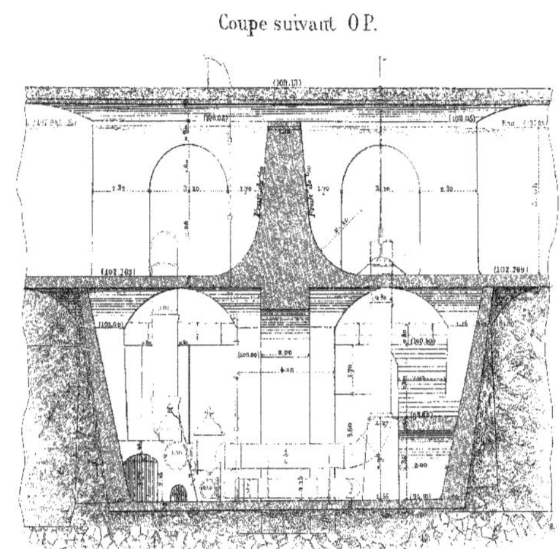

vant EF

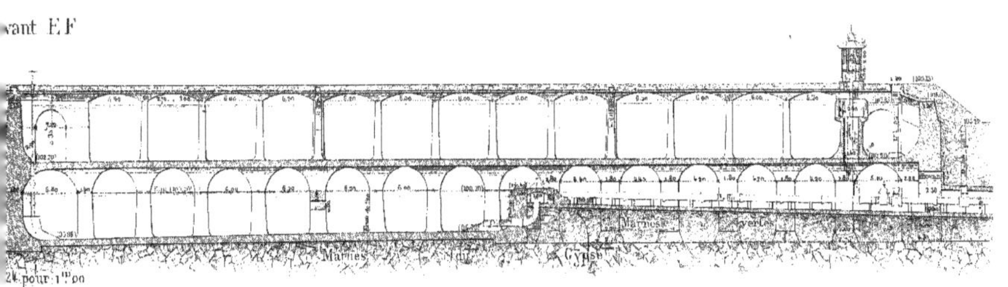

Coupe suivant UV.

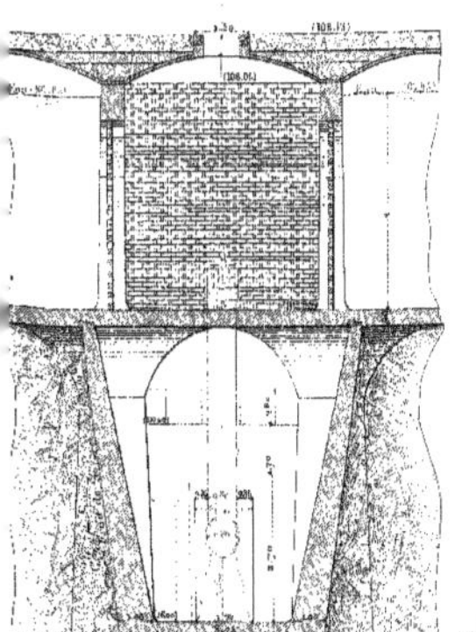

Coupe suivant XY

Suite de la Section 4.
ESTISSAC
le Boutoir
St Liébault
Thuisy
Neuville
Villemaur-en-Othe
St Benoist
Paisy
sous-Gadon
Vulaine
Courmononcle
Bernières
la Brosse
St Avit
le Bouchot
AIX-en-Othe
la Vesvre
Drins
Villemoiron
Rigny-le-Ferron
DEPARTT DE L'AUBE
DEPARTT DE L'YONNE
Cérilly
Fme de la Moinerie
St Clément
la Bouillante
St MARDS-en-Othe
la Belle Fayle
Les Vaucoures
MONUMENTS ROMAINS DE SENS
AQUEDUC
SENS
Fbg d'Yonne
Fg St Antoine
GÉNÉRAL
ROMAIN
Paron
Maillot
Malay-le-Vicomte
Malay-le-Roi
Noé
le Clos
Theil
Pont-sur-
Rosoy
Yonne
Rivière

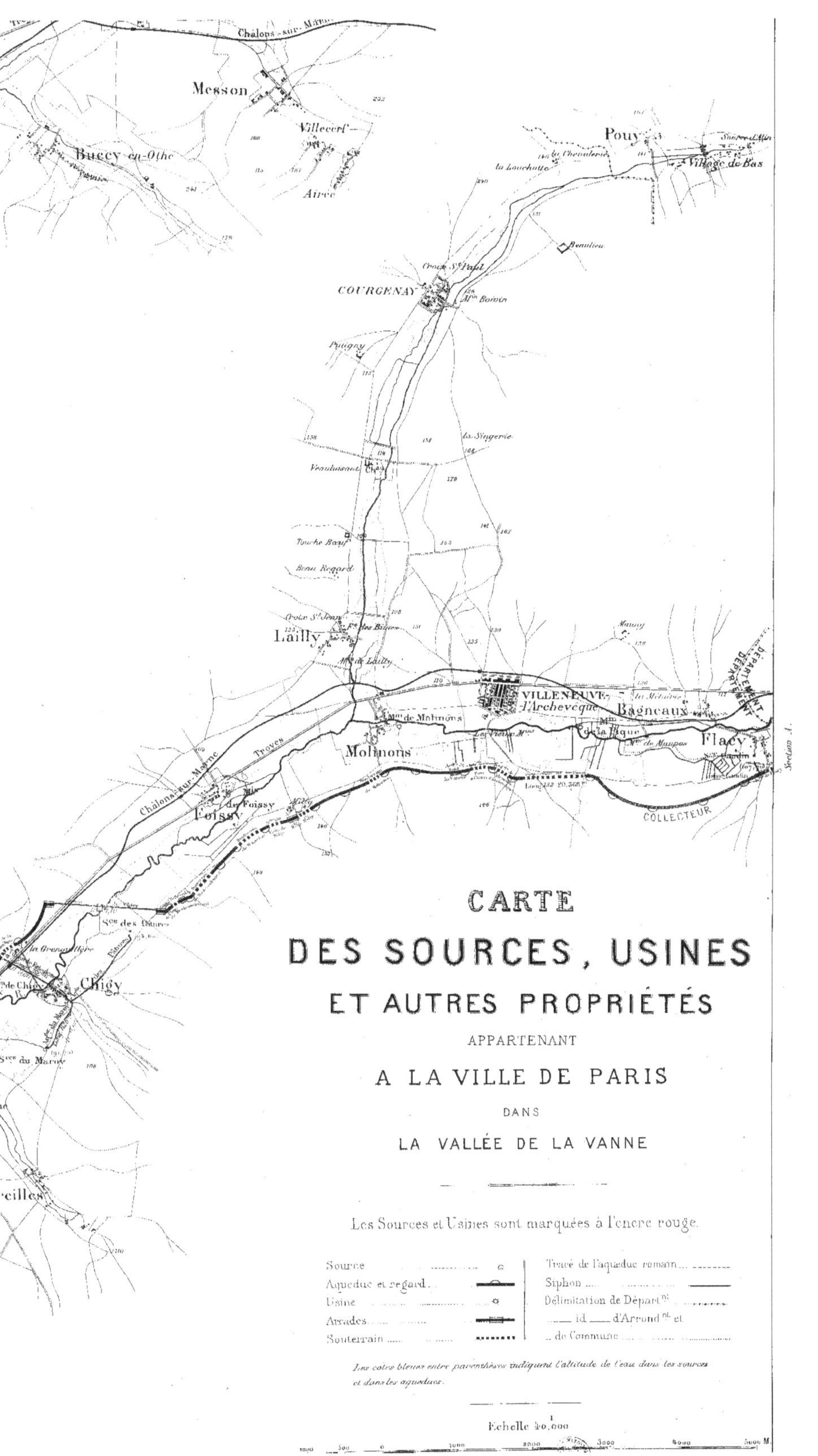

CARTE
DES SOURCES, USINES
ET AUTRES PROPRIÉTÉS
APPARTENANT
A LA VILLE DE PARIS
DANS
LA VALLÉE DE LA VANNE
Les Sources et Usines sont marquées à l'encre rouge.
Source
Aqueduc et regard
Usine
Arcades
Souterrain
Tracé de l'aqueduc romain
Siphon
Délimitation de Départ^t
id d'Arrond^t et
de Commune
Les cotes bleues entre parenthèses indiquent l'altitude de l'eau dans les sources et dans les aqueducs.
Echelle 1/40,000
1000 500 0 1000 2000 3000 4000 5000 M.
Messon
Bucey-en-Othe
Villecerf
Pouy
Village de Bas
COURGENAY
Lailly
VILLENEUVE-l'Archevêque
Bagneaux
Flacy
Molinons
M^in de Molinons
Foissy
Chigy
COLLECTEUR
Châlons-sur-Marne
Troyes
DÉPARTEMENT
Section A.

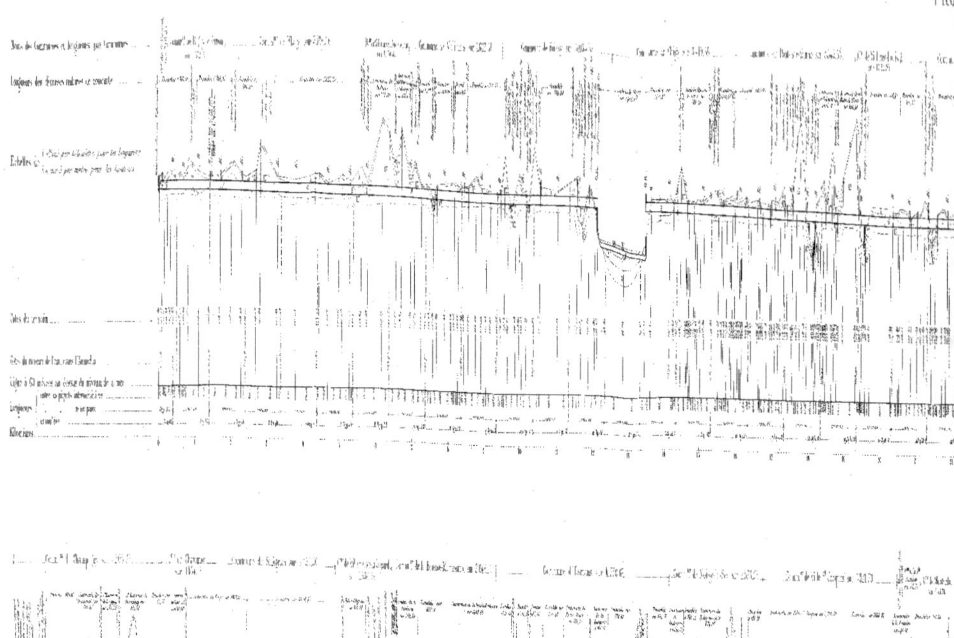

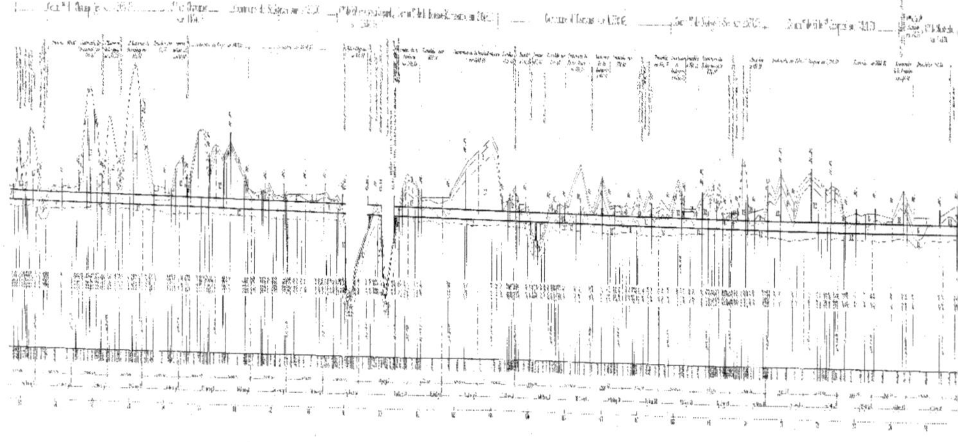

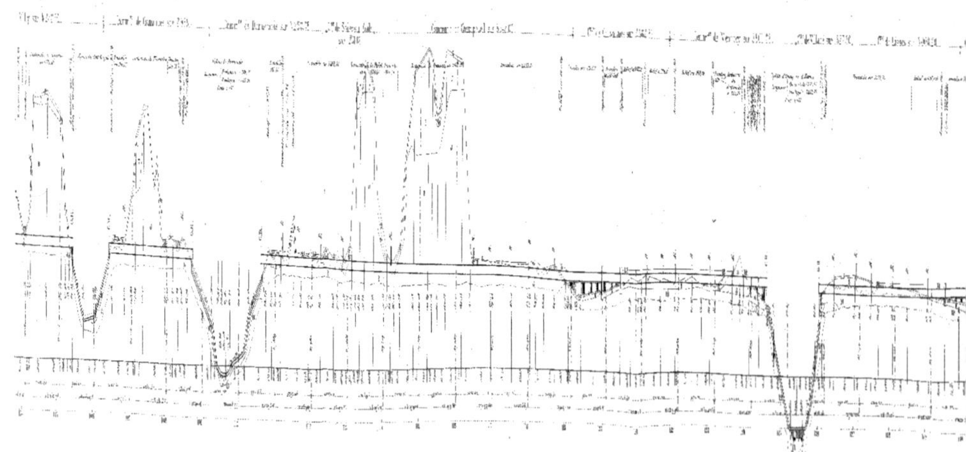

VALLÉE DE LA VANNE

…ONG

Légende géologique

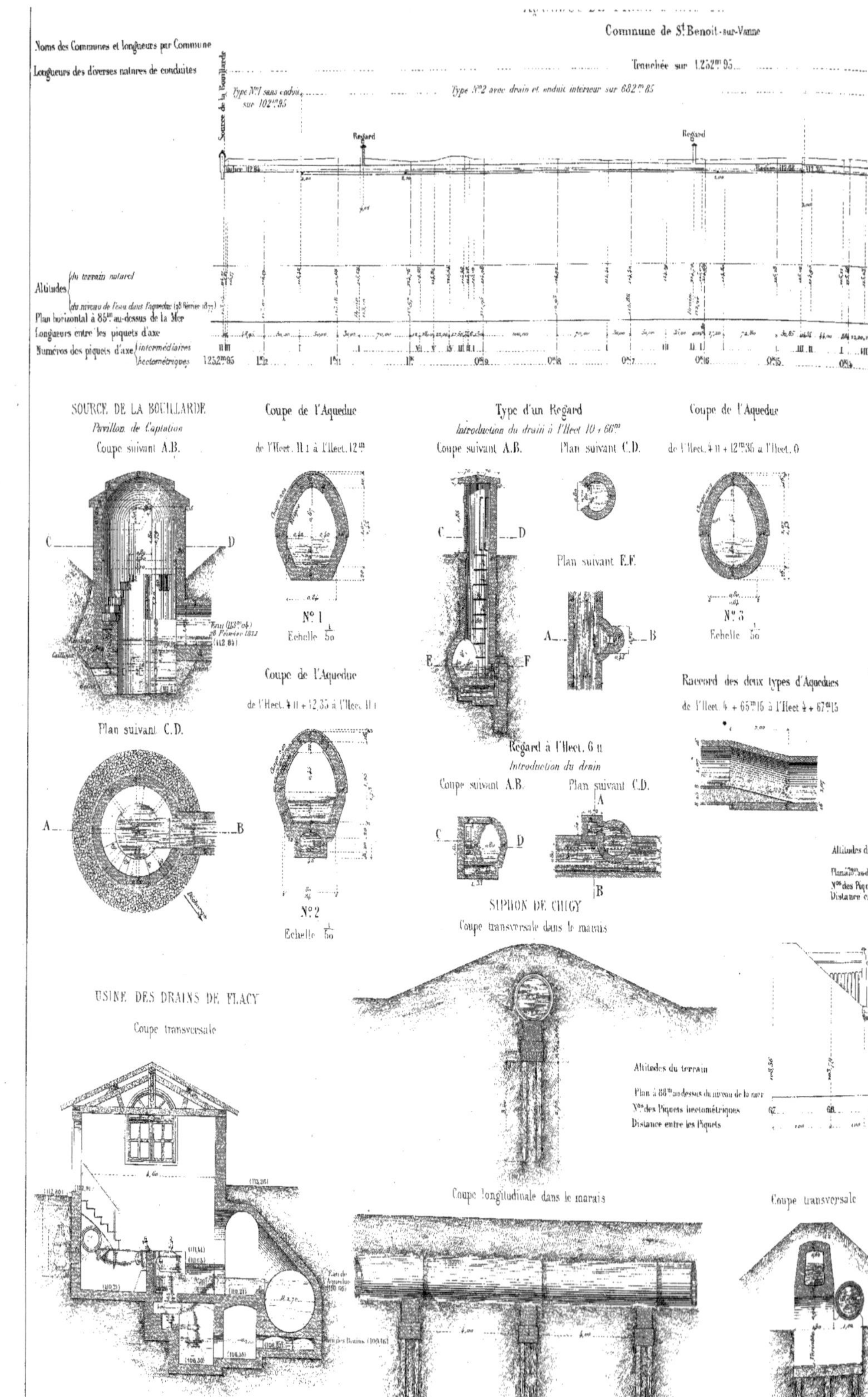
Commune de St Benoit-sur-Vanne
Noms des Communes et longueurs par Commune
Longueurs des diverses natures de conduites
Tranchée sur 1252m 95
Type N°1 sans enduit sur 102m 95
Type N°2 avec drain et enduit intérieur sur 682m 85
Source de la Bouillarde
Regard
Regard
Altitudes du terrain naturel
du niveau de l'eau dans l'aqueduc (28 Février 1877)
Plan horizontal à 85m au-dessus de la Mer
Longueurs entre les piquets d'axe
Numéros des piquets d'axe intermédiaires
hectométriques
SOURCE DE LA BOUILLARDE
Pavillon de Captation
Coupe suivant A.B.
Plan suivant C.D.
Coupe de l'Aqueduc
de l'Hect. 11 i à l'Hect. 12m
N° 1
Echelle 1/50
Coupe de l'Aqueduc
de l'Hect. 4 ii + 12,35 à l'Hect. 11 i
N° 2
Echelle 1/50
Type d'un Regard
Introduction du drain à l'Hect 10 + 66m
Coupe suivant A.B.
Plan suivant C.D.
Plan suivant E.F.
Regard à l'Hect. 6 ii
Introduction du drain
Coupe suivant A.B.
Plan suivant C.D.
Coupe de l'Aqueduc
de l'Hect. 4 ii + 12m 35 à l'Hect. 0
N° 3
Echelle 1/50
Raccord des deux types d'Aqueducs
de l'Hect. 4 + 65m 15 à l'Hect 4 + 67m 15
SIPHON DE CHIGY
Coupe transversale dans le marais
Coupe longitudinale dans le marais
Altitudes du terrain
Plan à 88m au dessus du niveau de la mer
Nos des Piquets hectométriques
Distance entre les Piquets
USINE DES DRAINS DE FLACY
Coupe transversale
Coupe transversale

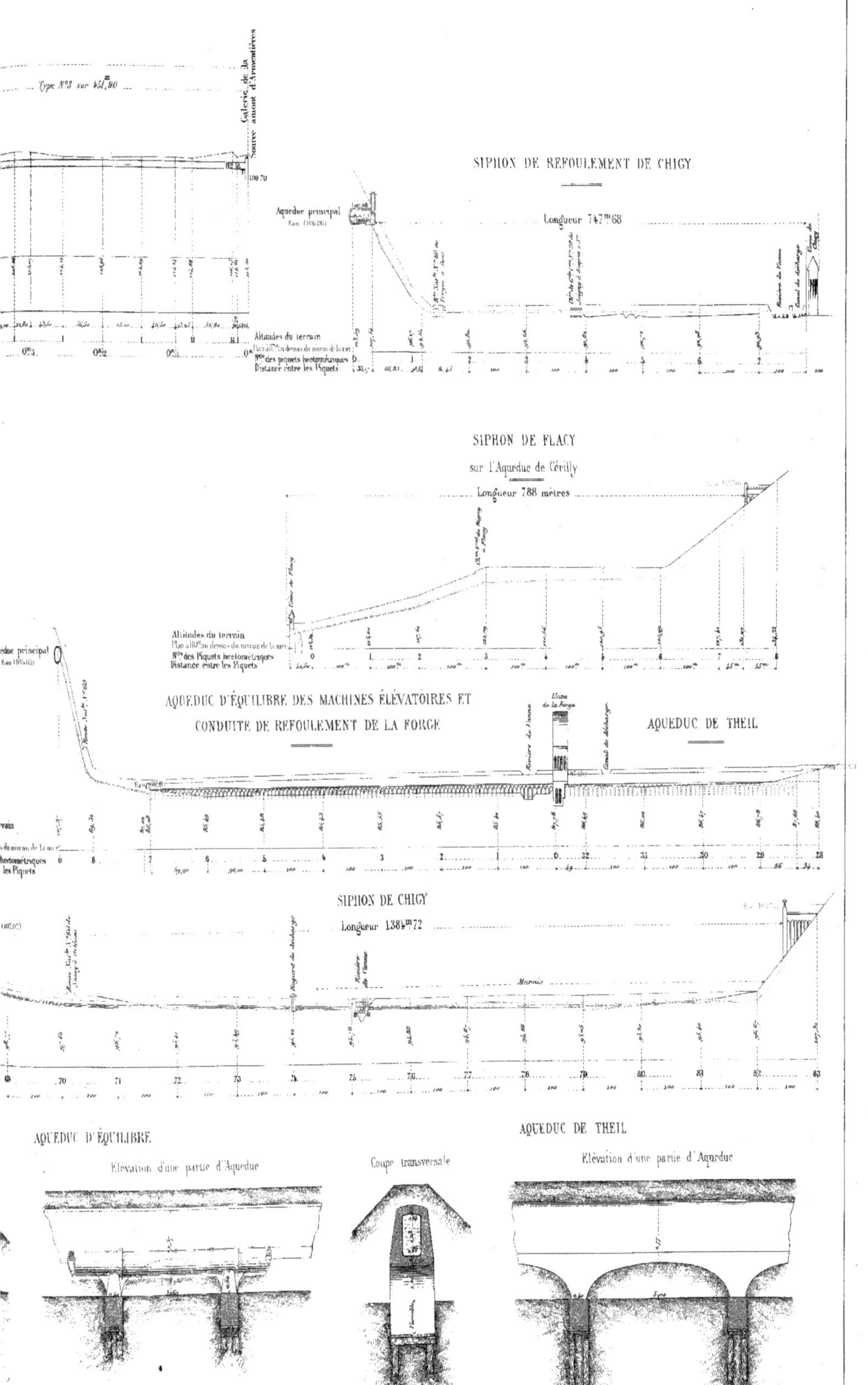

SIPHON DE REFOULEMENT DE CHIGY
Longueur 747m68
SIPHON DE FLACY
sur l'Aqueduc de Cérilly
Longueur 788 mètres
AQUEDUC D'ÉQUILIBRE DES MACHINES ÉLÉVATOIRES ET
CONDUITE DE REFOULEMENT DE LA FORGE
AQUEDUC DE THEIL
SIPHON DE CHIGY
Longueur 1384m72
AQUEDUC D'ÉQUILIBRE
Élévation d'une partie d'Aqueduc
Coupe transversale
AQUEDUC DE THEIL
Élévation d'une partie d'Aqueduc
Altitudes du terrain
Nos des Piquets hectométriques
Distance entre les Piquets

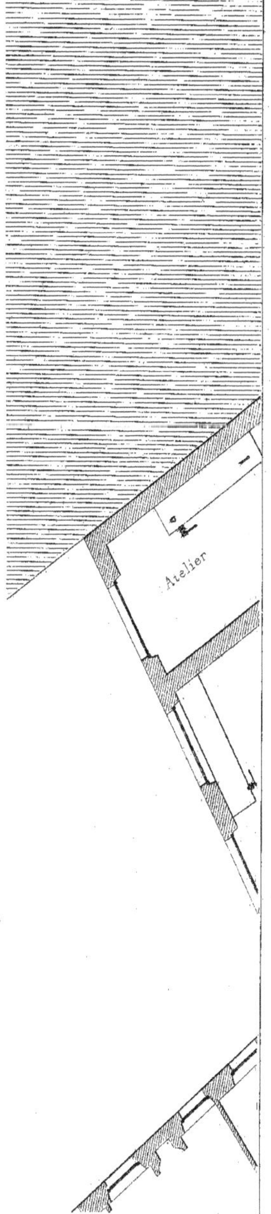
Atelier

Plan

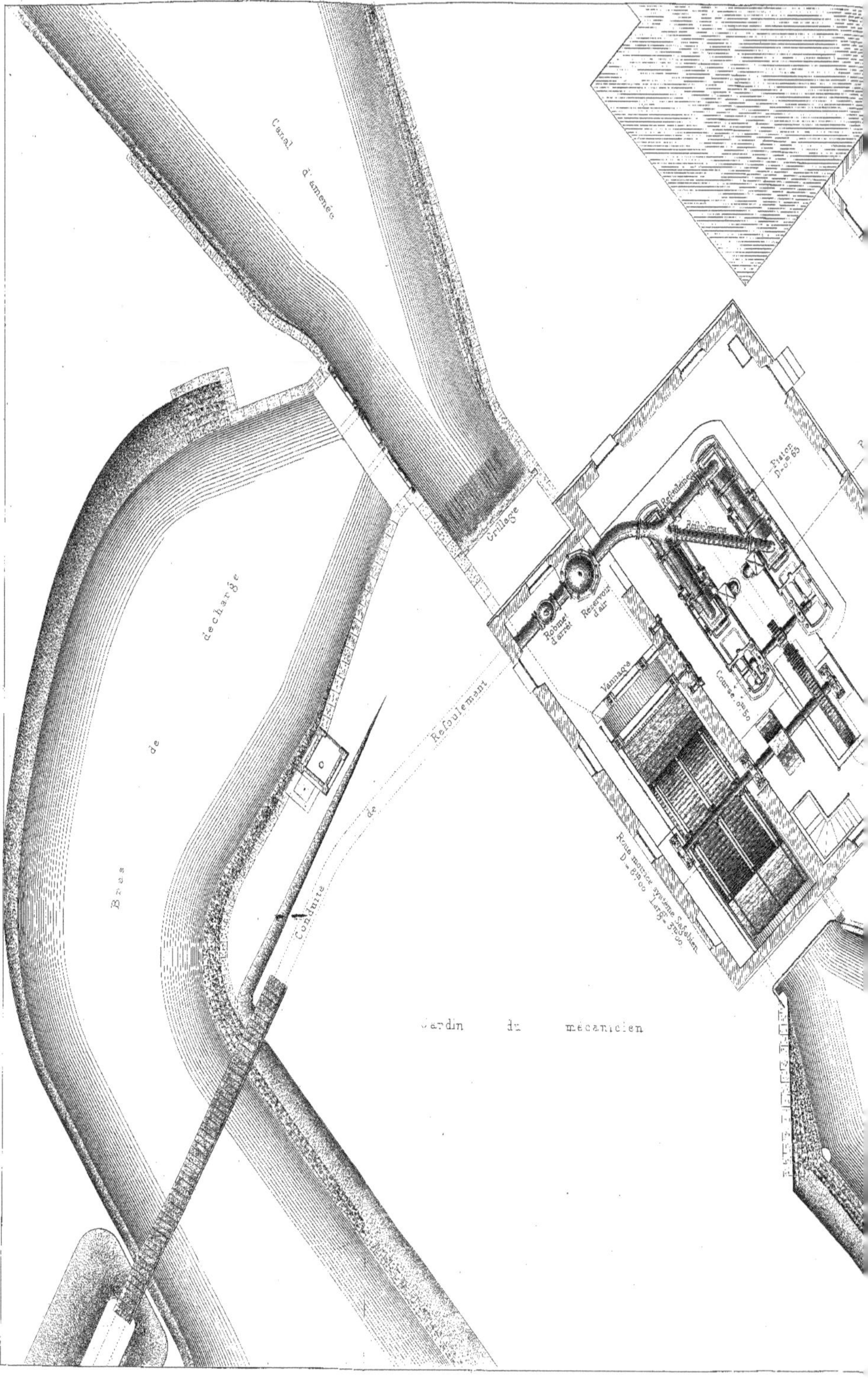
Canal d'amenée
Grillage
Bras de décharge
Conduite de Refoulement
Robinet d'arrêt
Réservoir d'air
Vannage
Refoulement
Piston
Course
Roue motrice système Sagebien
Jardin du mécanicien

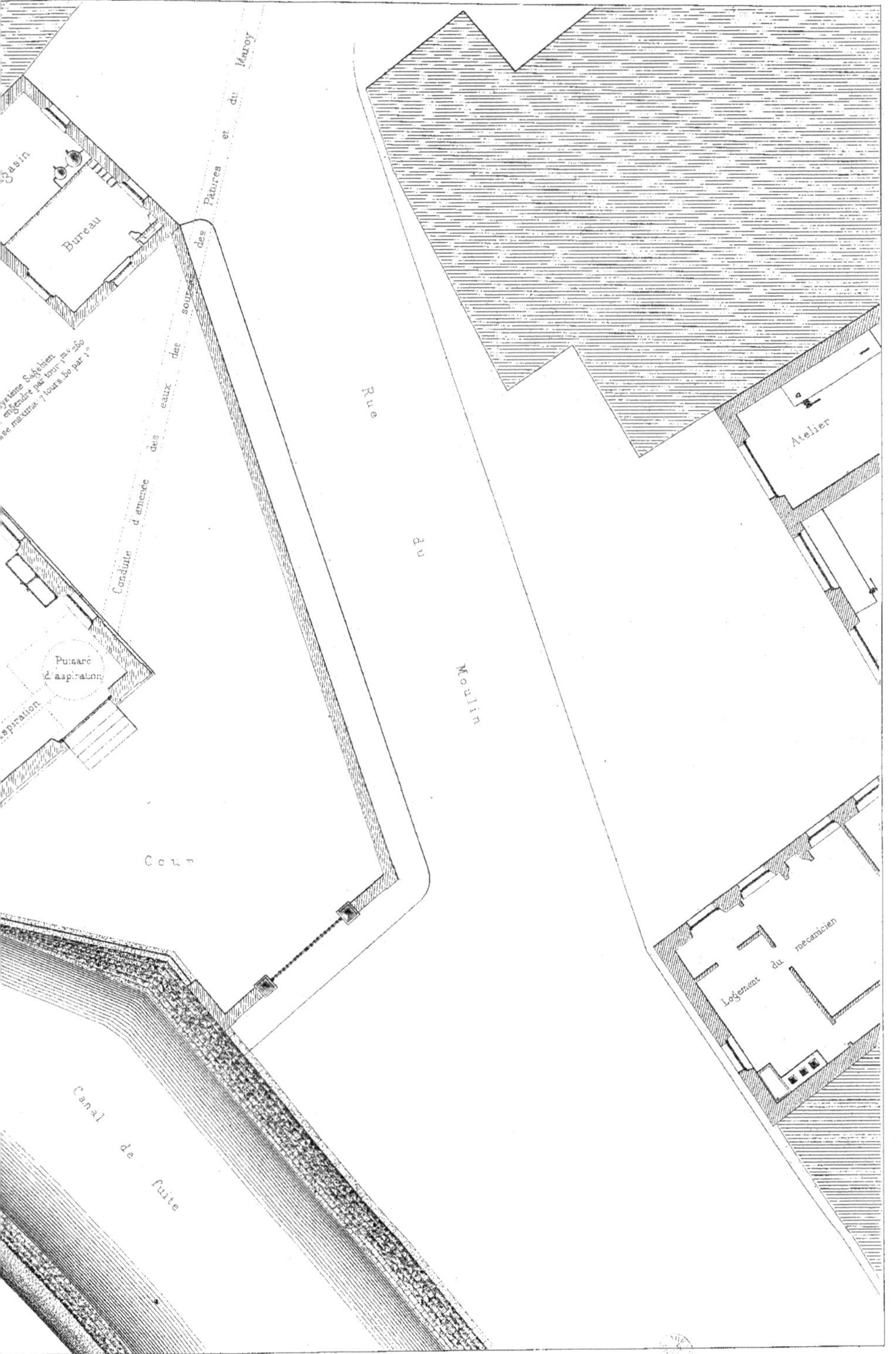
gasin
Bureau
Conduite d'amenée des eaux des sources des Pâtures et du Maroy
Rue du Moulin
Atelier
Puisard d'aspiration
spiration
Cour
Logement du mécanicien
Canal de fuite

USINE D

Élévation

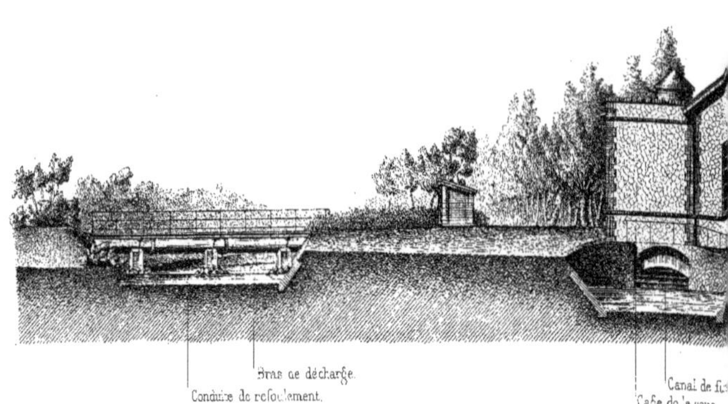

Coupe longitudinale

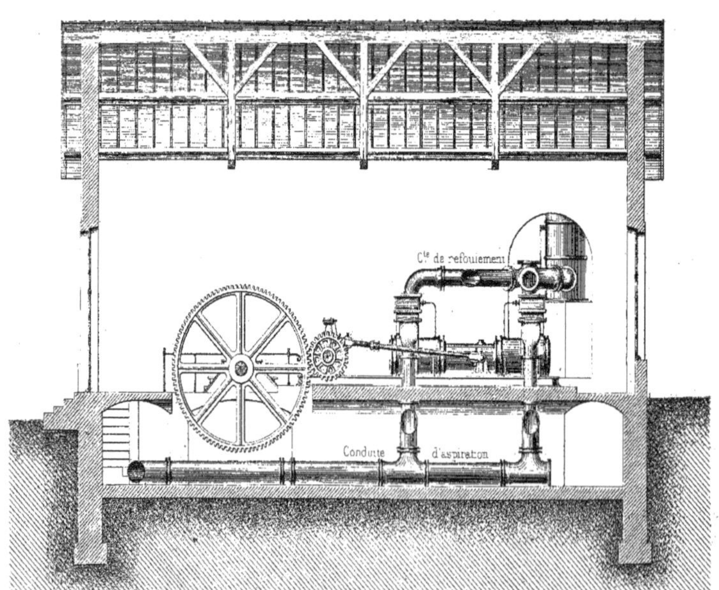

E CHIGY

Aval

Coupe transversale

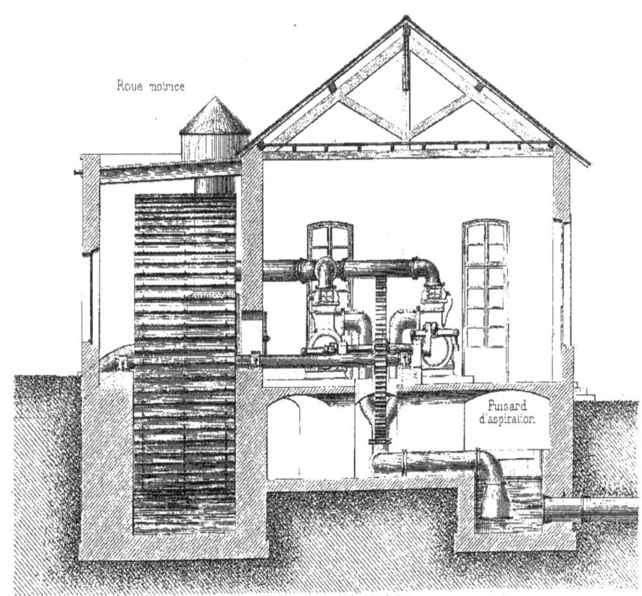

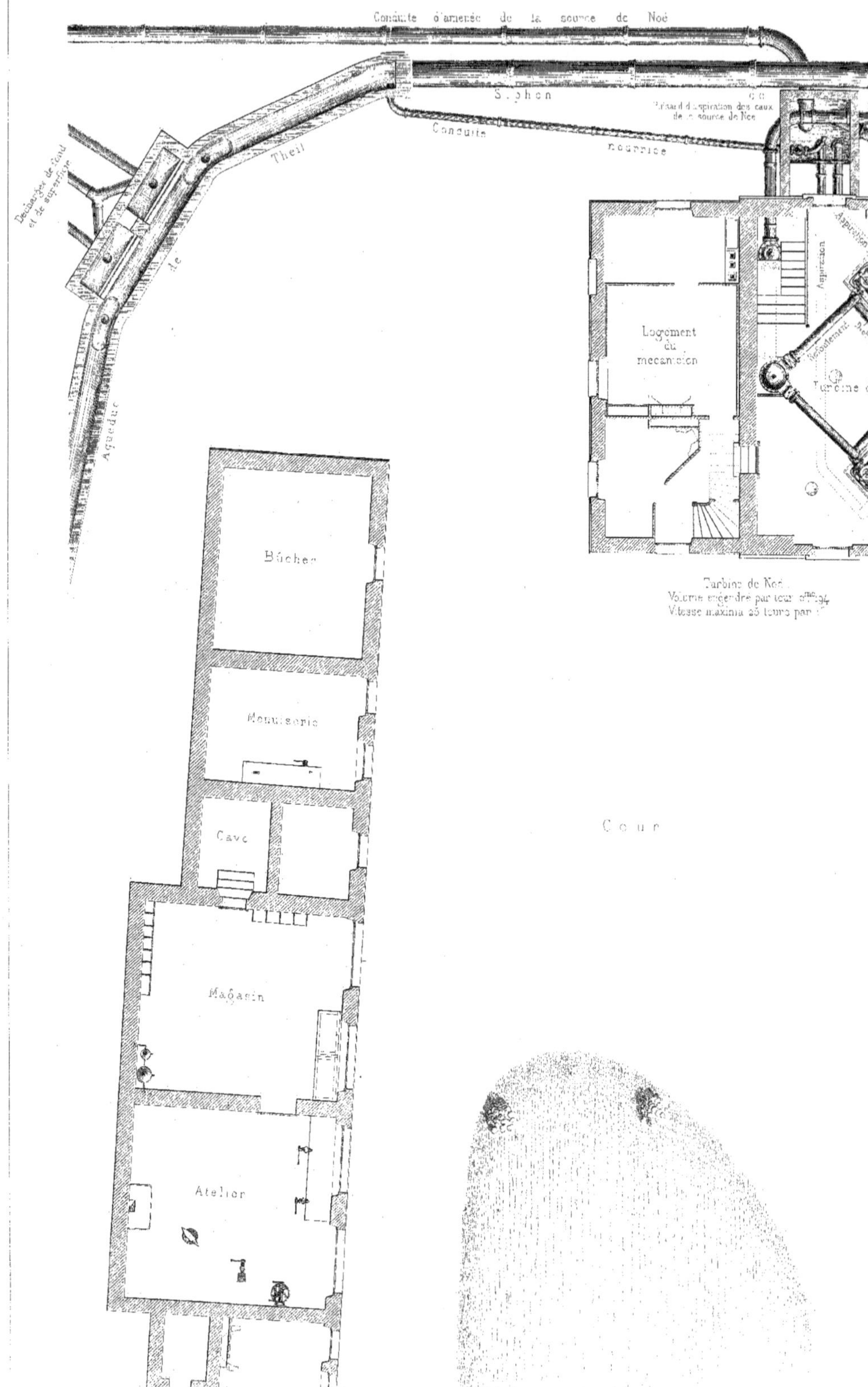
Plan
Conduite d'amenée de la source de Noé
Siphon
Conduite nourrice
Theil
Aqueduc de
Décharges de fond et de superficie
Puisard d'aspiration des eaux de la source de Noé
Logement du mécanicien
Turbine de
Bûcher
Menuiserie
Cave
Magasin
Atelier
Cour
Turbine de Noé
Volume engendré par tour

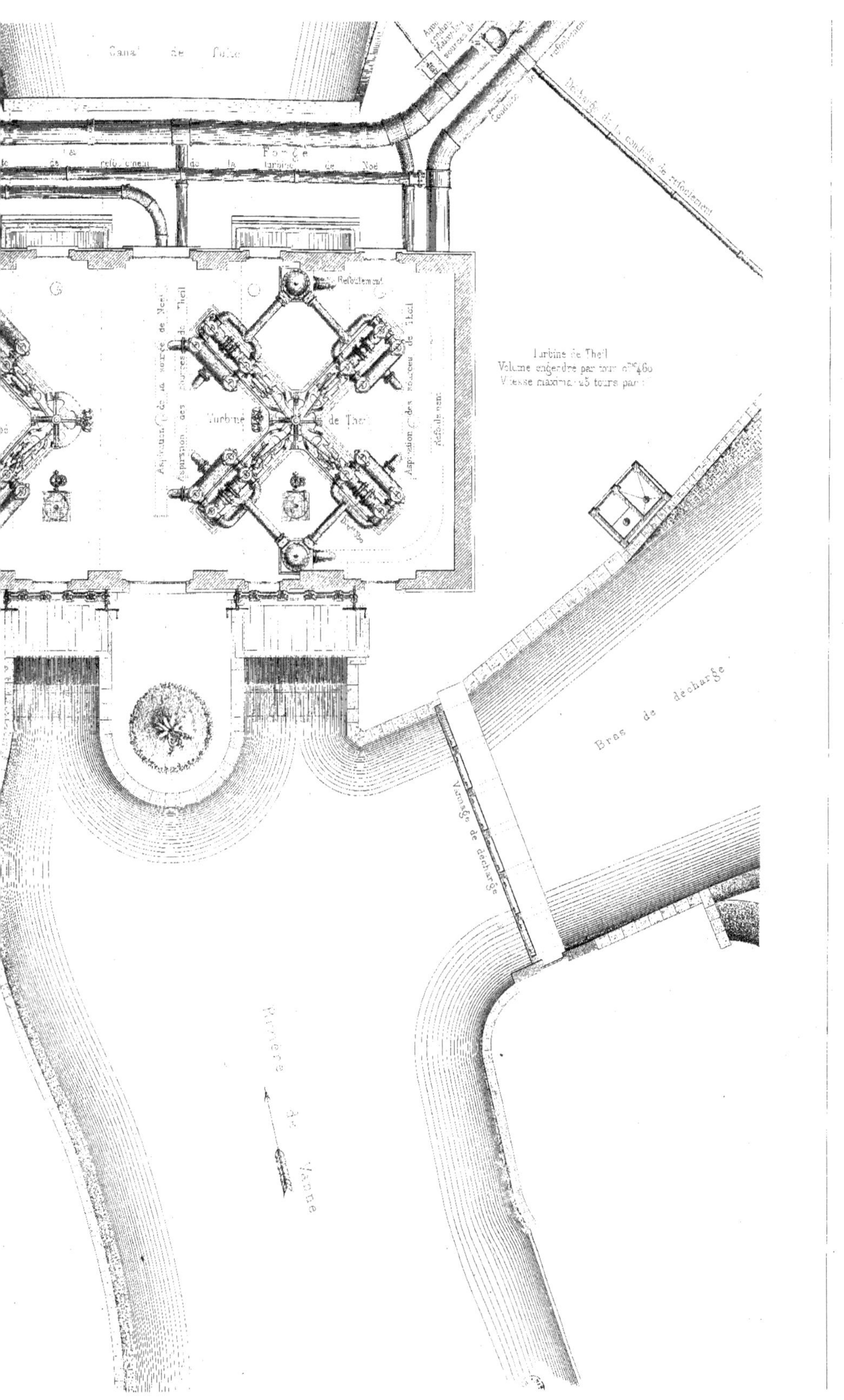
Canal de fuite
Forge
Refoulement
Turbine de Theil
Volume engendré par tour 0m³460
Vitesse maxima 25 tours par 1'
Turbine de Theil
Aspiration des sources de Theil
Refoulement
Bras de décharge
Vannage de décharge
Rivière de Vanne

USINE HYDRAULIQ

Élévatio

(85 m)

Conduite d'amenée des eaux de la source de Noë et du drain de de la Forge

Conduite d'amenée des eaux des sources de Theil (St Philibert, Valhorne, Courais, Roy, Augé, Miron et drain de de St Philibert) Plan d'eau 89^m 69

Atelier

Logement du mécanicien

Vannage de turbine de

Coupe longitudinale

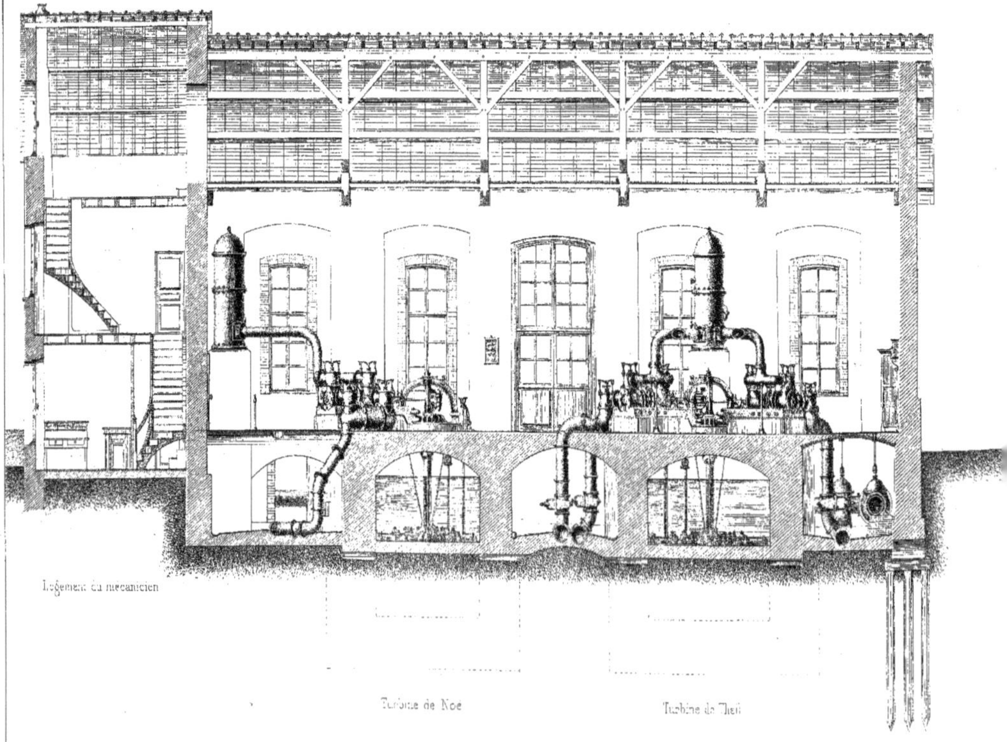

Logement du mécanicien

Turbine de Noë

Turbine de Theil

JE DE LA FORGE

Amont

Coupe transversale
sur l'axe de la turbine de Theil

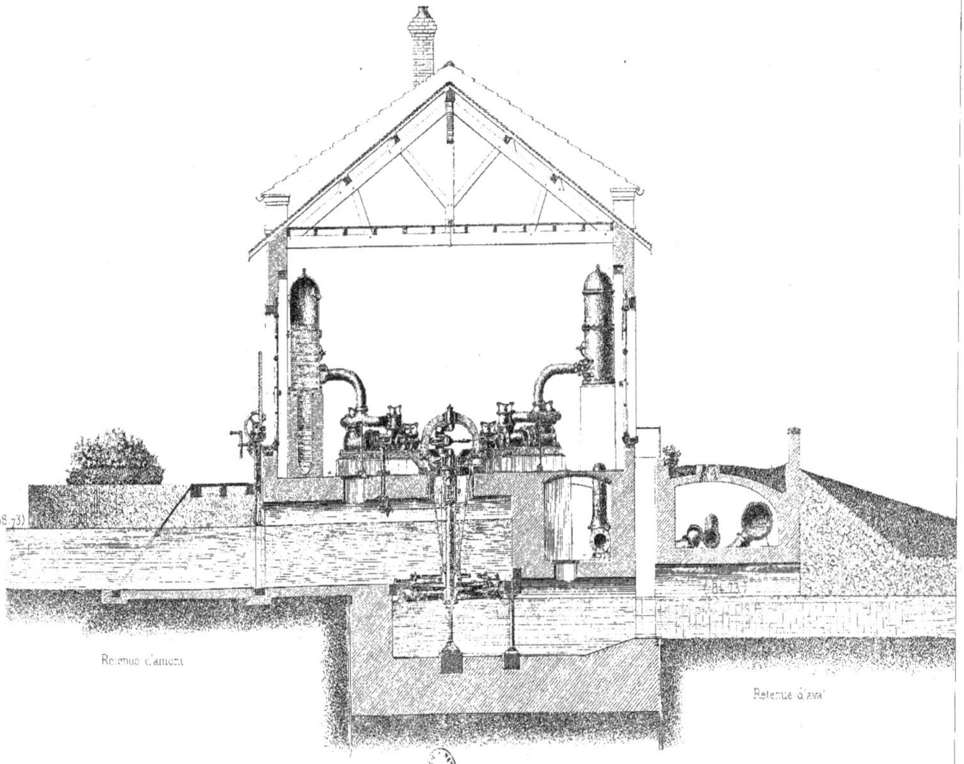

(86.73)

(86.73)

Retenue d'amont

Retenue d'aval

DÉRIVATION DES SOU

SIPHON D'YO

Élévation gé

Echelle de

Siphon 3722

Arcade 1500

Passage du siphon sur la

Echelle de

Élévation et Coupe longitudinale des Arcades

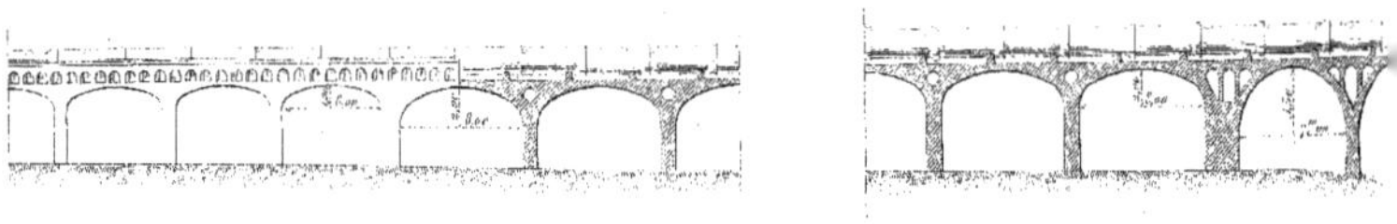

ARCADES DE PONT-S

Élévation

Echelle de 0,0005 pour

240,00

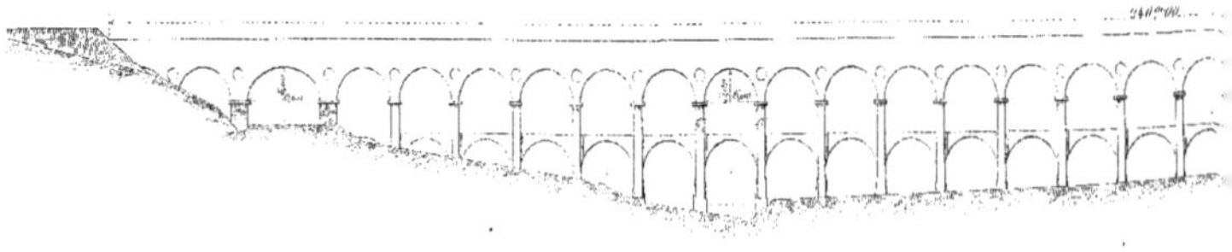

RCES DE LA VANNE.

ONNE.

iérale.

rivière d'Yonne.

Chemin de fer de Paris à Lyon

support dans la plaine Echelle de $\frac{1}{400}$.

Coupe transversale d'une arcade.

R-YONNE.

Coupe transversale Echelle de $\frac{1}{400}$.

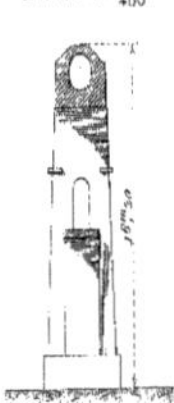

DÉRIVATION DES

SIPHON DE MO

(Seine

Elévati

Echel

Elévation des gra

Eche

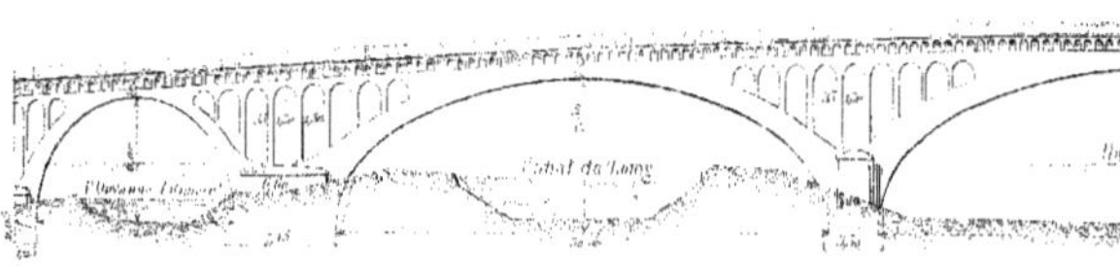

Coupe transversale
suivant l'axe d'une voûte.
Echelle de $\frac{1}{400}$

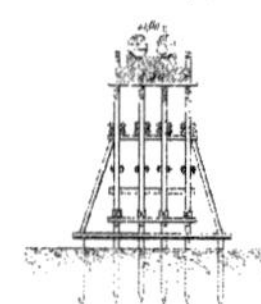

Coupe

Eche

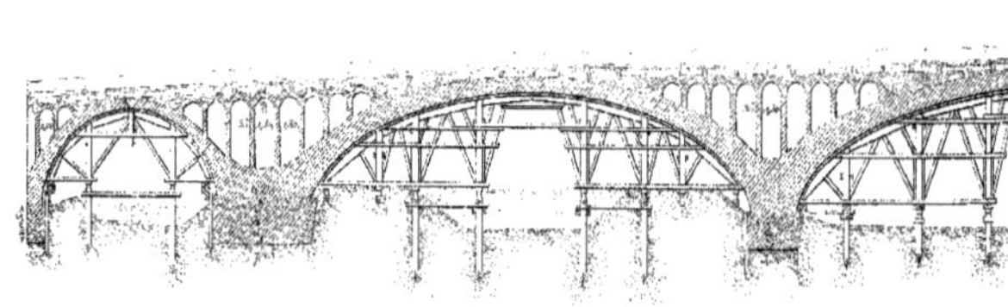

TÊTE AMONT DU SIPHON.

Coupe suivant AB. Echelle de $\frac{1}{200}$

Coupe suivant CD. Echelle de $\frac{1}{200}$

Coupe suivant EF. Echelle de $\frac{1}{200}$

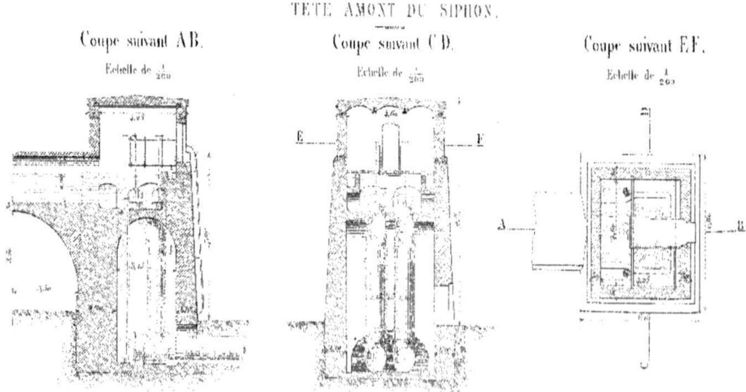

Pl.35.

URCES DE LA VANNE.

T OU DU LOING

-Marne)

générale.

$\frac{1}{2000}$

s arches du Loing.

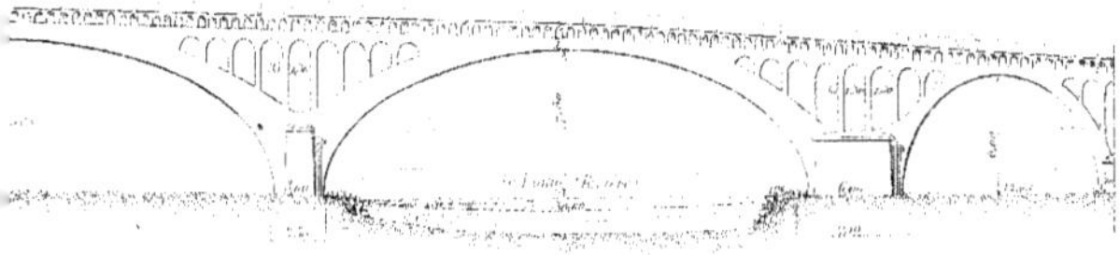

gitudinale.

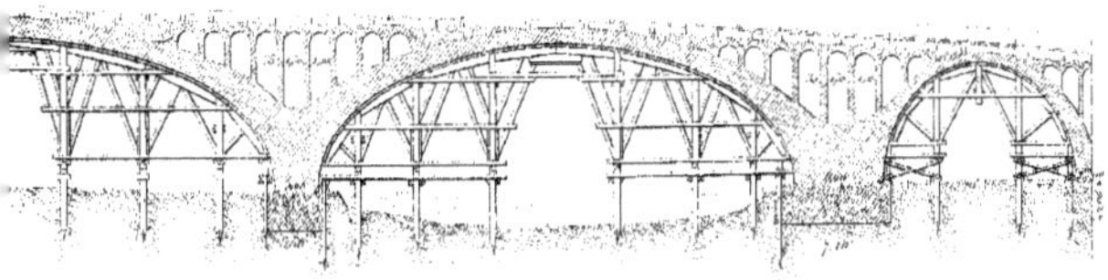

Coupe transversale

suivant l'axe d'une culée.

Echelle de $\frac{1}{400}$

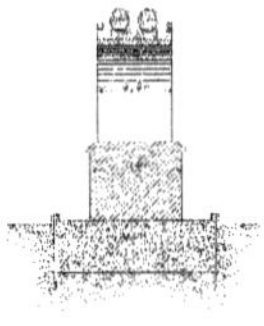

TÊTE AVAL DU SIPHON

Coupe transversale.

Echelle de $\frac{1}{150}$

Élévation.

Echelle de $\frac{1}{400}$

Chemin de fer de Paris à Lyon par le Bourbonnais

DÉRIVATION DES SO

PONT-AQUEDUC DE LA C

FORÊT DE FO

Elévation

Echelle de

Longueur tota

Route Ronde
et Route de chasse.

Elévation (Détails)

Echelle de $\frac{1}{200}$

Elévation

Echelle d

Avenue de la Croix

Coupe longitudinale (Détails).

Echelle de $\frac{1}{200}$

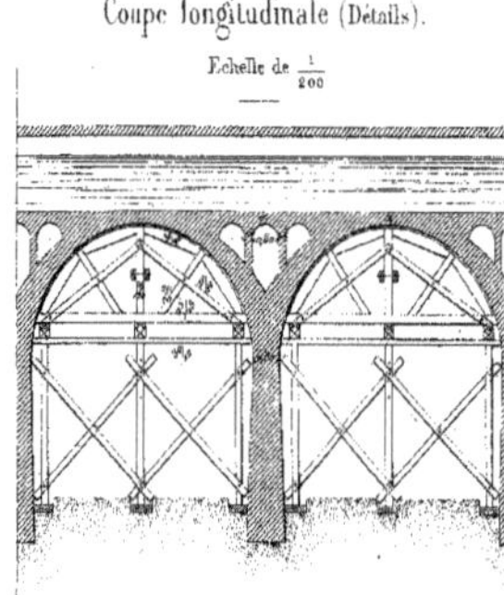

Coupe longitud

Echelle

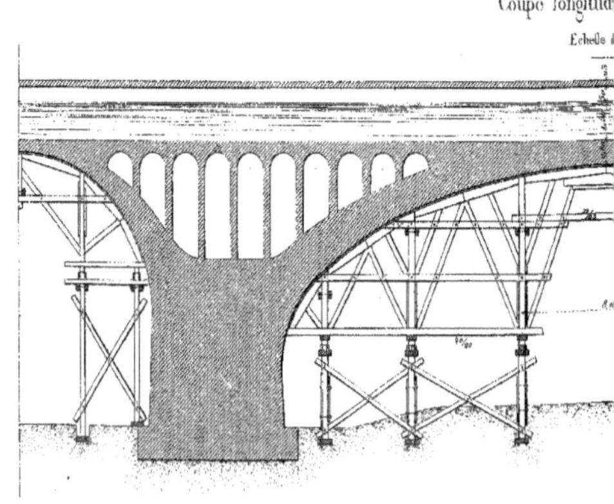

RCES DE LA VANNE.

OIX DU GRAND MAÎTRE,

AINEBLEAU.

énérale.

2000m 00

Chemin vicinal N° 12
de Fontainebleau à Episy.
Avenue du Grand-Maître.

Chemin de grande
communication, N° 58
de Fontainebleau à Egreville.

Détails)

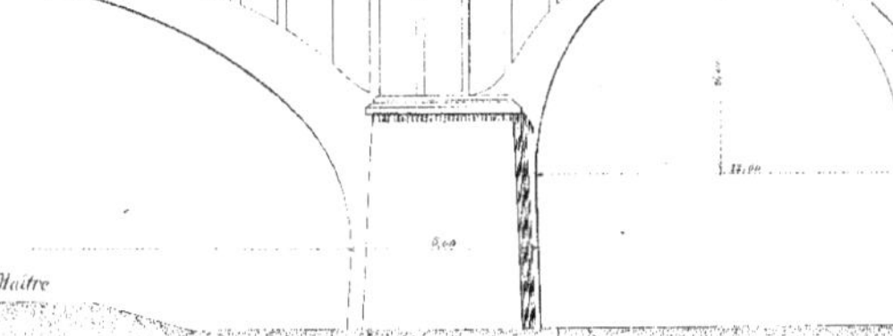

Coupe transversale
suivant l'axe d'une culée.

Echelle de $\frac{1}{200}$

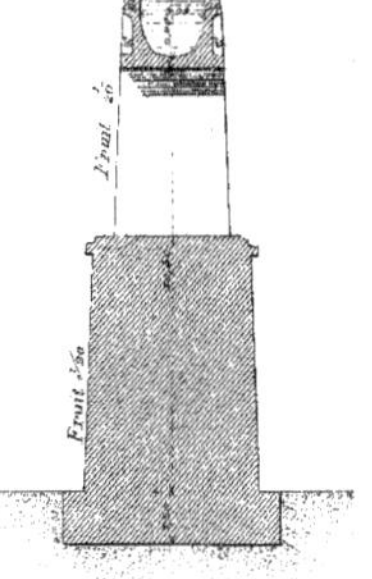

ale (Détails)

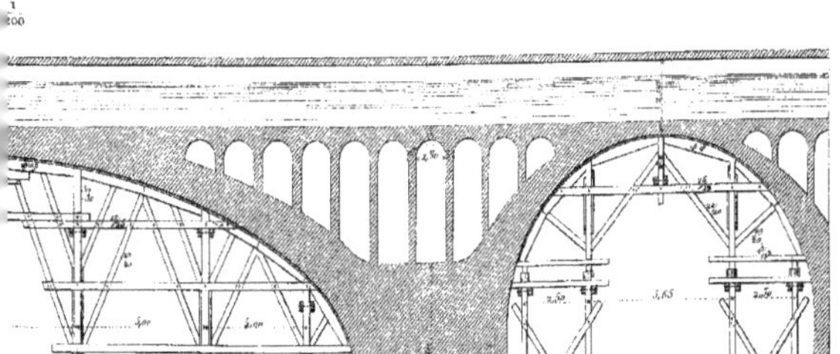

Coupe transversale
suivant l'axe d'une voûte.

Echelle de $\frac{1}{200}$

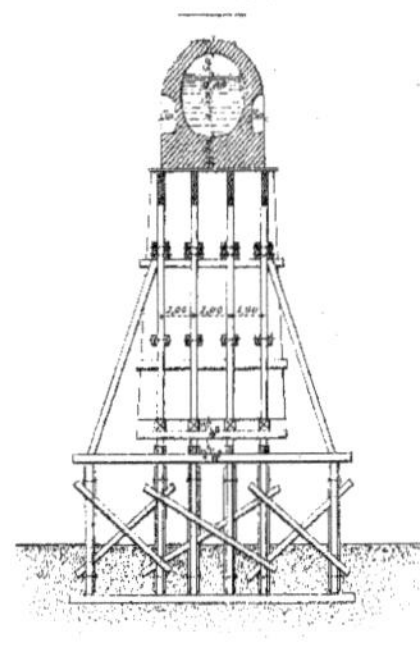

FORÊT DE FONTAINEBLEAU

ARCADES DU GRAND-MAÎTRE

Février 1879

DÉRIVATION DES SO

CONSTRUCTION DE TUNNELS DANS

A. Avancement au moment de la pose du dernier cadre.

Coupe transversale. Coupe longitudinale.

B. Avancement avec cadre de doublage.

Coupe transversale.

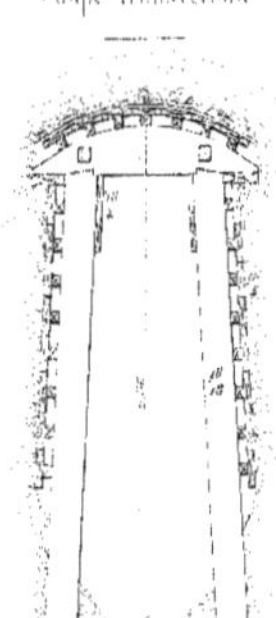

Coupe lo

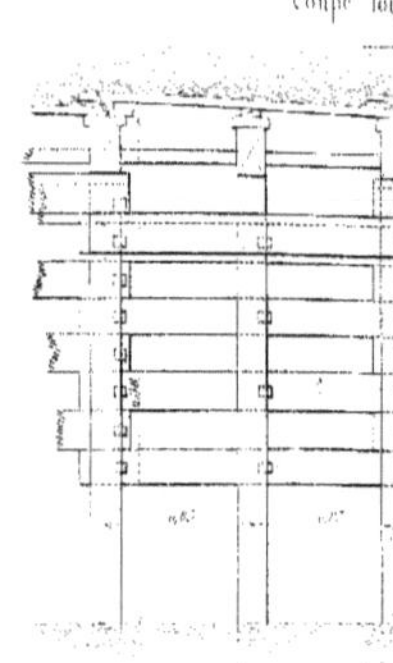

D. Construction des pieds-droits et de la partie inférieure de la voûte

Coupe transversale.

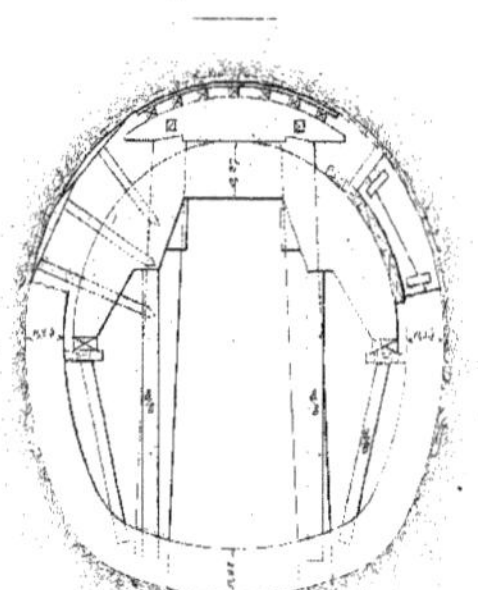

Coupe longitudinale.

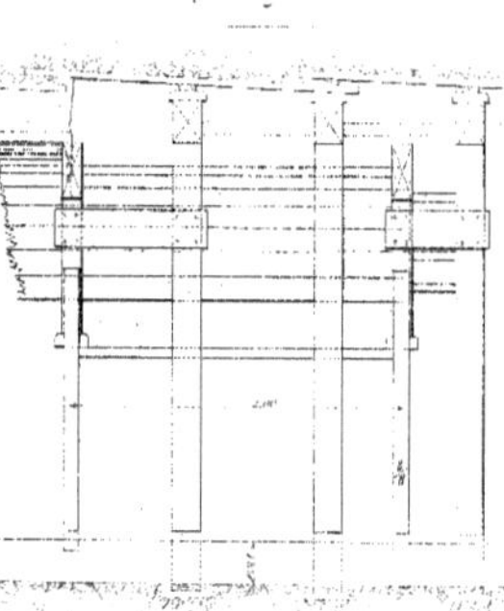

E. Construction de la partie

Coupe transversale.

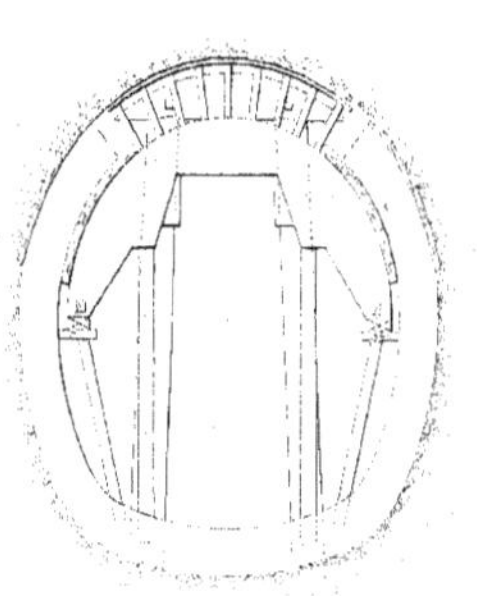

Echelle de 0,0

LÉGE

Avancement. (*Fig.* A). *L'avancement s'opère par travées de 1m,70 de longueur.*

Avant d'attaquer une travée, on soutient le cadre de tête de la travée précédente au moyen d'une contrefiche.

Le travail commence par le haut. On ouvre d'abord une petite tranchée de 0m,60 environ de largeur pour pouvoir faire passer le madrier au milieu de la couronne. Les autres madriers de la couronne se placent successivement à droite et à gauche du premier.

Sous les extrémités des madriers de couronne, on pose une planche cintrée formant faux-chapeau. On prépare l'emplacement du chapeau dont on fait reposer les extrémites sur des semelles. Des coins enfoncés entre le chapeau et le faux-chapeau serrent les madriers contre le plafond.

Les madriers latéraux se placent successivement en commençant par le haut. Leurs extrémités sont maintenues au moyen de madriers transversaux formant bouclier.

On pose les poteaux du cadre en appuyant leurs extrémités sur une semelle et en maintenant leur écartement par un étrésillon placé à la partie inférieure. Enfin on réunit le dernier cadre au précédent par des moises et des étrésillons qui contrebutent les chapeaux.

Consolidation du blindage (*Fig.* B). ...
la galerie en intercalant des cadres de doublage entre ...

Réglement de la Galerie. (*Fig.* C). ...
par la partie supérieure et en maintenant les madriers ...
qui viennent s'arcbouter contre les poteaux des cadres ...

Maçonneries des pieds-droits et de la parti ...
et les pieds-droits, on procède de la même manière qu'en ...
poser les cadres de manière à ne pas gêner la pose d ...

Les pieds-droits construits, on pose d'abord entre les ...
ces fermes on place successivement des couchis qui forment ...
couronnes de béton.

A mesure que les reins s'élèvent, on enlève les contre ...

RCES DE LA VANNE.

ES SABLES DE FONTAINEBLEAU.

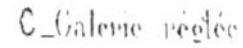

udinale

Coupe transversale.

Coupe longitudinale.

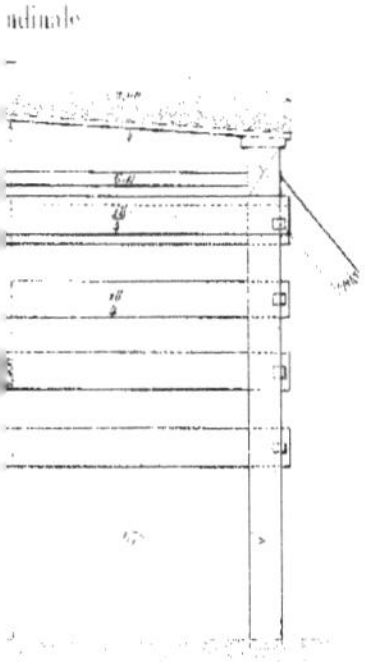

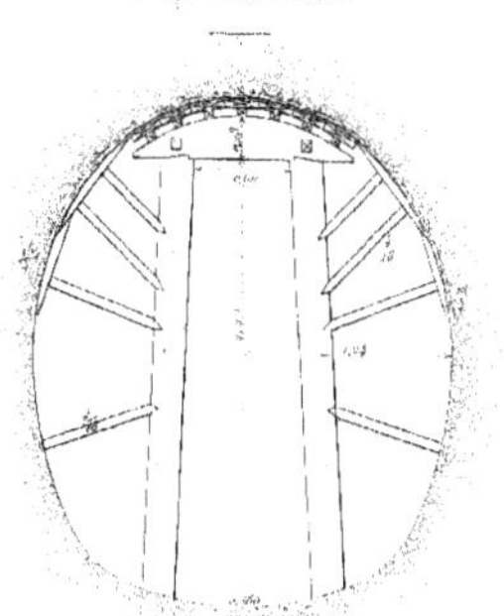

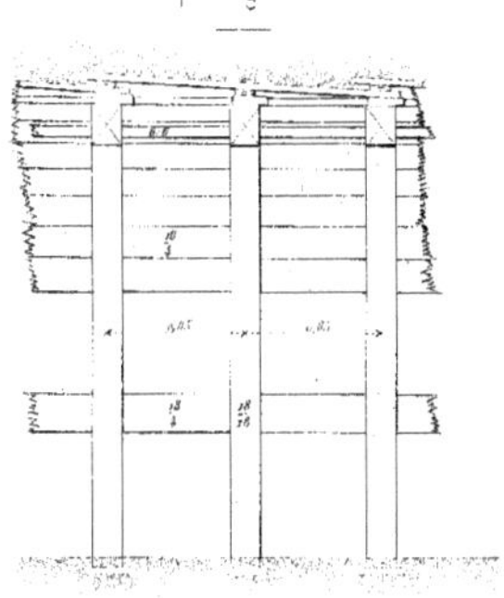

périeure de la voute.

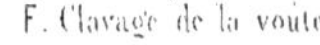

Coupe longitudinale

Coupe transversale.

Coupe longitudinale.

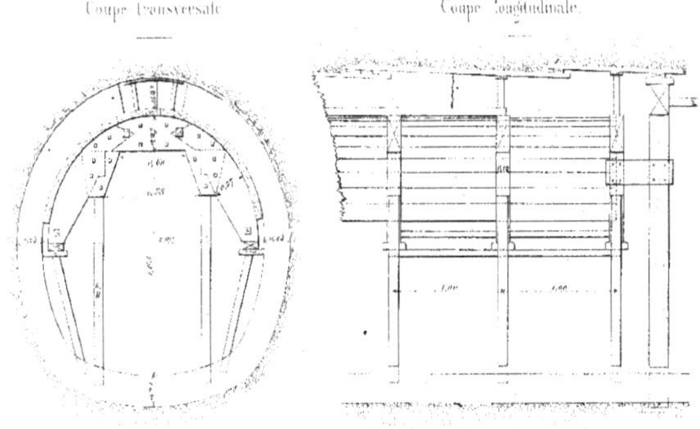

pineire

DE.

nt de battre au large, on consolide le blindage de
s cadres d'avancement.

procède à l'élargissement en commençant le déblai
moyen de faux-vaux soutenus par des contrefiches

inférieure de la voute. (*Fig.* D) — *Pose le radier*
maillée. Lorsqu'on emploie le béton, on a soin de dis-
moules.
oteaux, des fermes de cintres espacées de $2^m 00$; *au*
les encaissements dans lesquels on pilonne les couches

fiches qui soutiennent les madriers de blindage.

Maçonneries de la partie supérieure de la voute. (*Fig.* E.) — *Lorsque la maçonnerie atteint les chapeaux, on pose des cintres intermédiaires et on soutient les madriers de la couronne par des arcs-boutants qui s'appuient sur les cintres. On peut alors enlever les cadres.*

On continue à faire le revêtement comme précédemment jusqu'à ce qu'il ne reste plus à la clef qu'un vide de $0^m 60$ *de largeur.*

Clavage. (*Fig.* F) — *Pour opérer le clavage on procède par travées successives de* $1^m 00$. *On place des couchis n'ayant que cette longueur et on forme ainsi un encaissement ayant* $0^m 60$ *de largeur,* $0^m 21$ *de hauteur et* $1^m 00$ *de profondeur. Le béton, lancé à la pelle au fond de cet encaissement, est refoulé, par couches verticales de* $0^m 10$ *d'épaisseur, au moyen d'un pilon à long manche auquel succède un pilon à manche court lorsque le vide est déjà en partie rempli.*

Imp. Monrocq, Paris.

TRAVERSÉE DES SABLES DE FONTAINEBLEAU

SOUTERRAIN DE COQUIBUS (TÊTE D'AMONT)

16 Décembre 1869

TRAVERSÉE DES SABLES DE FONTAINEBLEAU

SOUTERRAIN DE COQUILLE (TÊTE D'AVAL)

16 Décembre 1869

TRAVERSÉE DES SABLES DE FONTAINEBLEAU

SOUTERRAIN DE MONTROUGET (TÊTE D'AMONT)

17 Décembre 1869

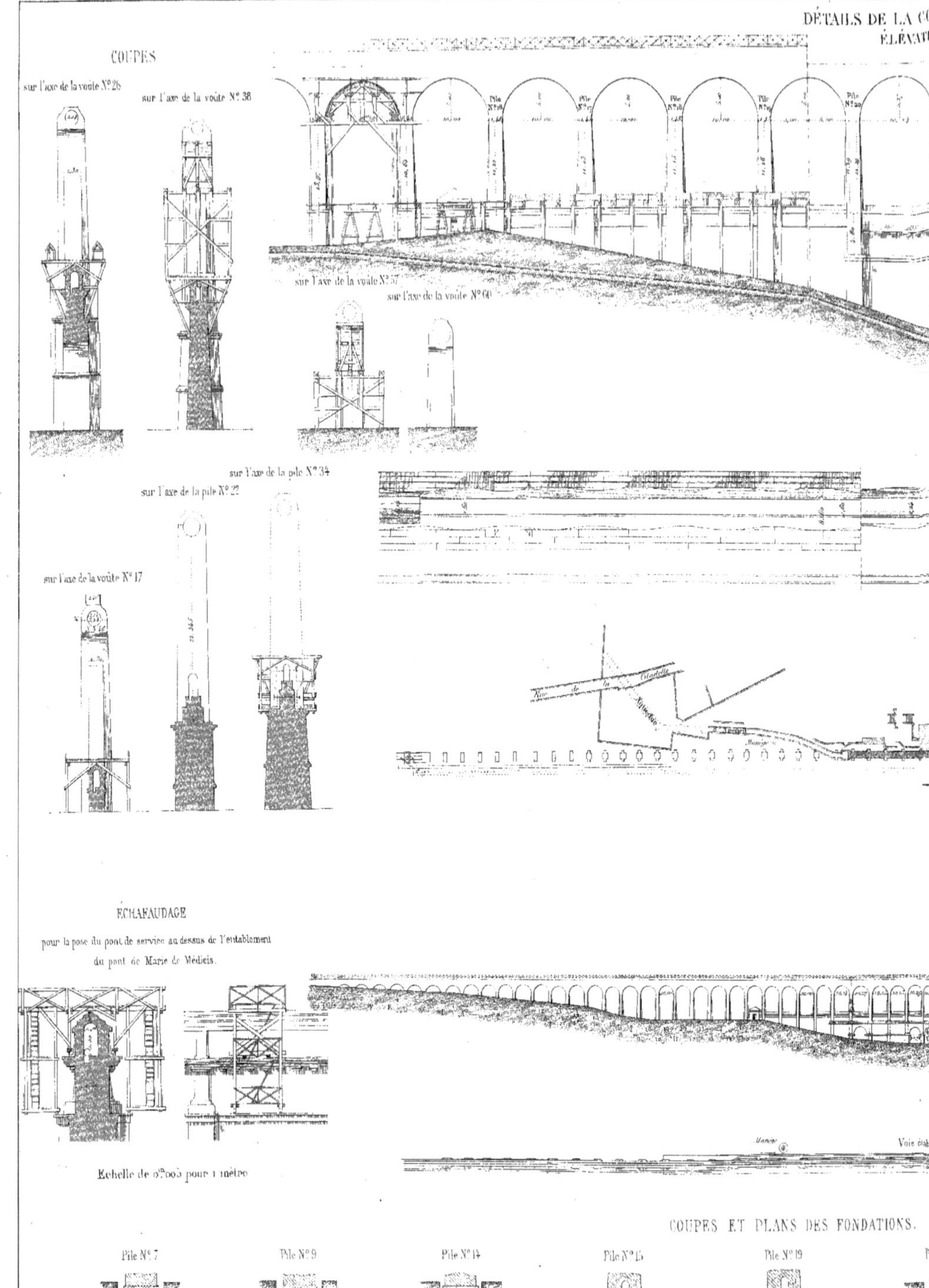
DÉTAILS DE LA CO
ÉLÉVATIO
COUPES
sur l'axe de la voûte N° 26
sur l'axe de la voûte N° 38
sur l'axe de la voûte N° 57
sur l'axe de la voûte N° 60
sur l'axe de la pile N° 34
sur l'axe de la pile N° 22
sur l'axe de la voûte N° 17
ÉCHAFAUDAGE
pour la pose du pont de service au dessus de l'entablement
du pont de Marie de Médicis.
Echelle de 0m005 pour 1 mètre
COUPES ET PLANS DES FONDATIONS.
Pile N° 7
Pile N° 9
Pile N° 14
Pile N° 15
Pile N° 19
Voie établie

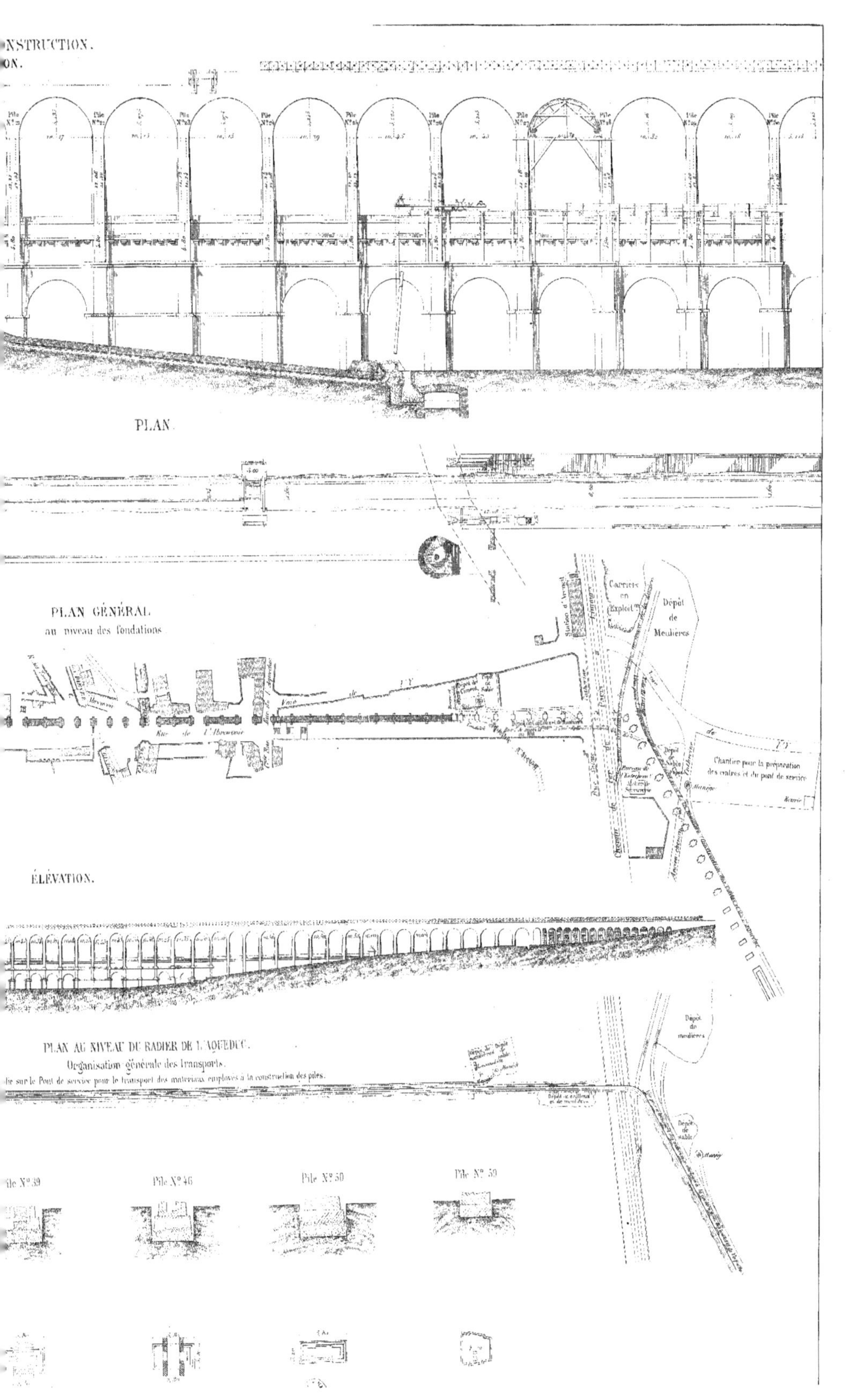

NSTRUCTION.
ON.
PLAN.
PLAN GÉNÉRAL
au niveau des fondations
Carrières en Exploit[on]
Dépôt de Meulières
Chantier pour la préparation des centres et du pont de service
Rue de l'Hermitage
ÉLÉVATION.
PLAN AU NIVEAU DU RADIER DE L'AQUEDUC.
Organisation générale des Transports.
sur le Pont de service pour le transport des matériaux employés à la construction des piles.
Dépôt de meulières
Dépôt de sable
Pile N° 39
Pile N° 46
Pile N° 50
Pile N° 59

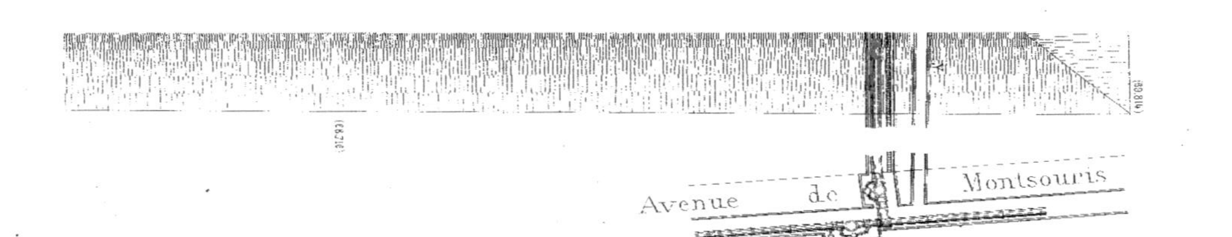
Avenue de Montsouris

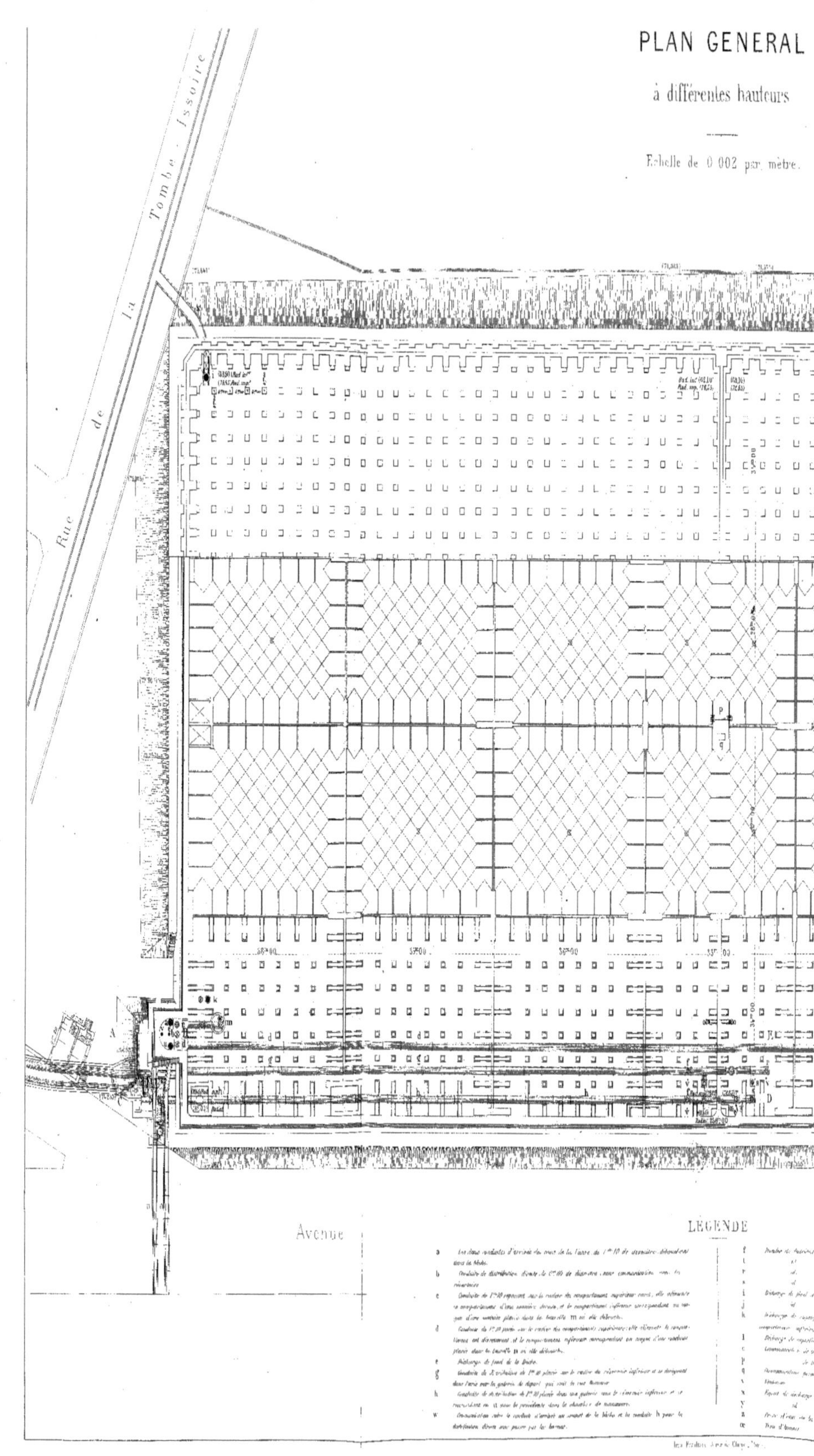
PLAN GENERAL
à différentes hauteurs
Echelle de 0 002 par mètre.
Rue de la Tombe - Issoire
Avenue
LEGENDE

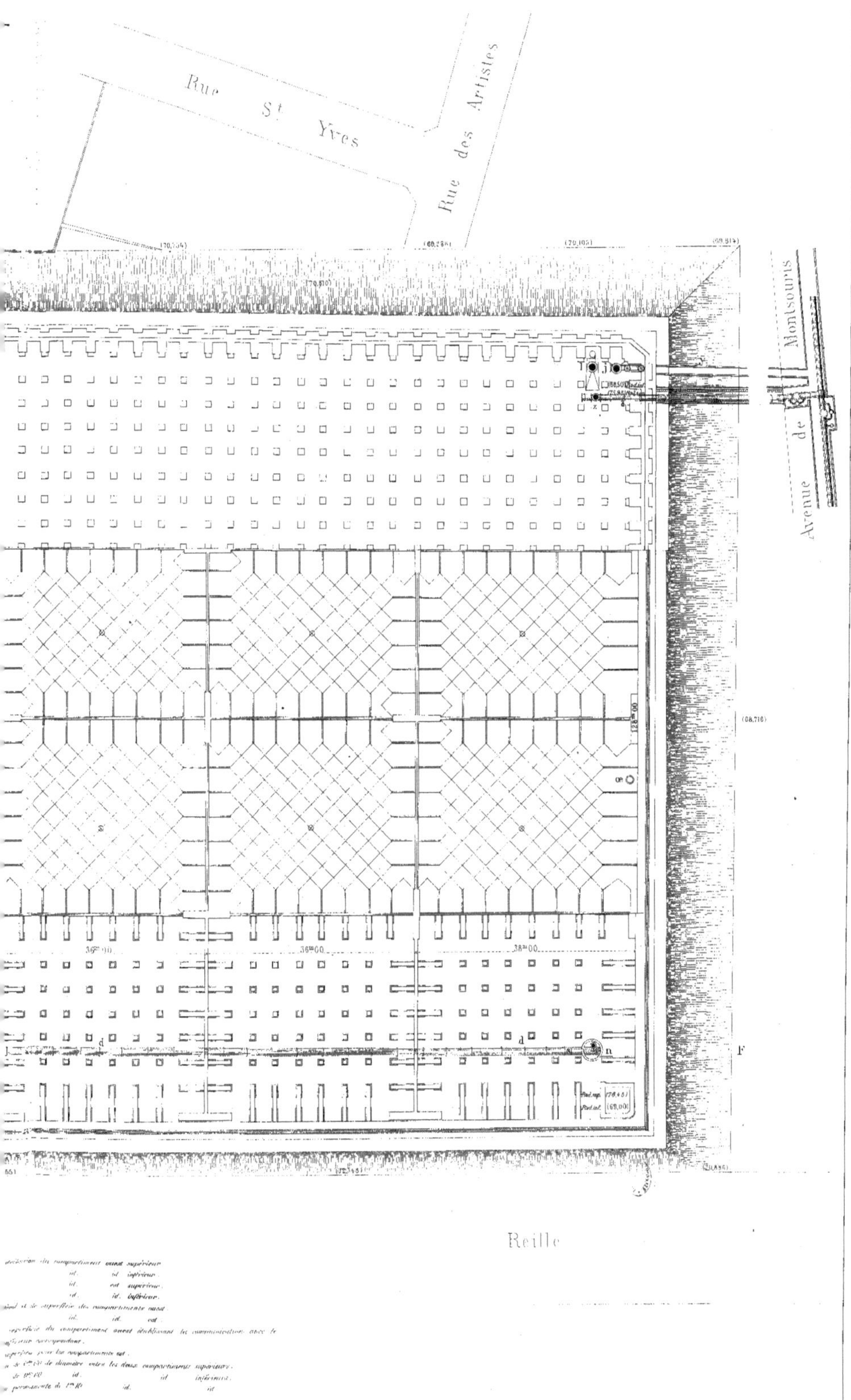

Rue St Yves
Rue des Artistes
Avenue de Montsouris
Reille
36m00
36m00
38m00
128m00
F

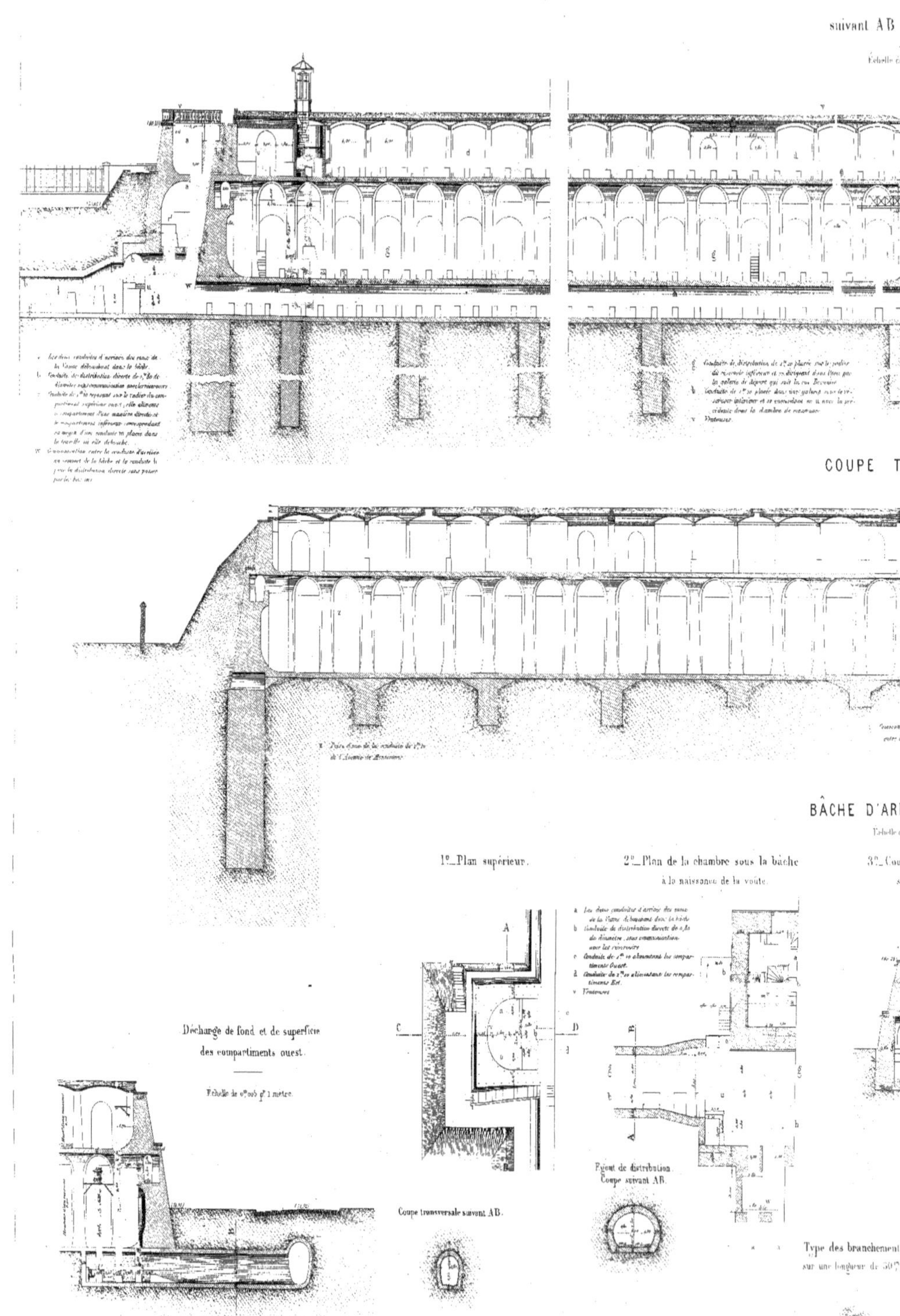
COUPE LO
suivant AB e
COUPE T
BÂCHE D'ARR
1°_Plan supérieur.
2°_Plan de la chambre sous la bâche
à la naissance de la voûte.
Décharge de fond et de superficie
des compartiments ouest.
Échelle de 0m005 p.r 1 mètre.
Coupe transversale suivant AB.
Égout de distribution
Coupe suivant AB.
Type des branchements

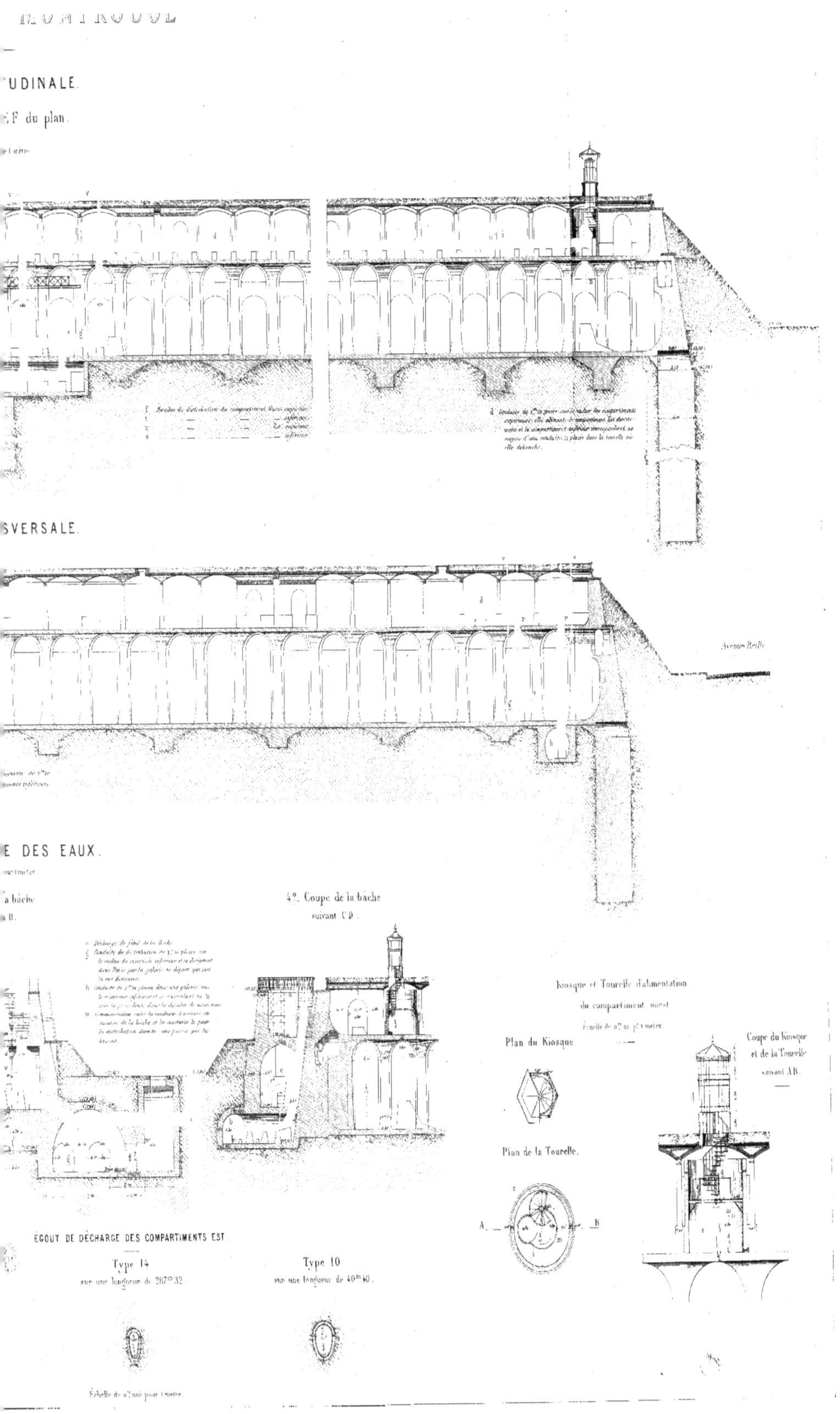

MONTROUGE

UDINALE.

EF du plan.

SVERSALE.

Avenue Reille

E DES EAUX.

a bâche

4°. Coupe de la bâche

suivant CD.

Kiosque et Tourelle d'alimentation

du compartiment ouest

Plan du Kiosque

Coupe du Kiosque et de la Tourelle suivant AB.

Plan de la Tourelle.

ÉGOUT DE DÉCHARGE DES COMPARTIMENTS EST

Type 14

sur une longueur de 287m32

Type 10

sur une longueur de 40m40.

Échelle de 0m002 pour 1 mètre.

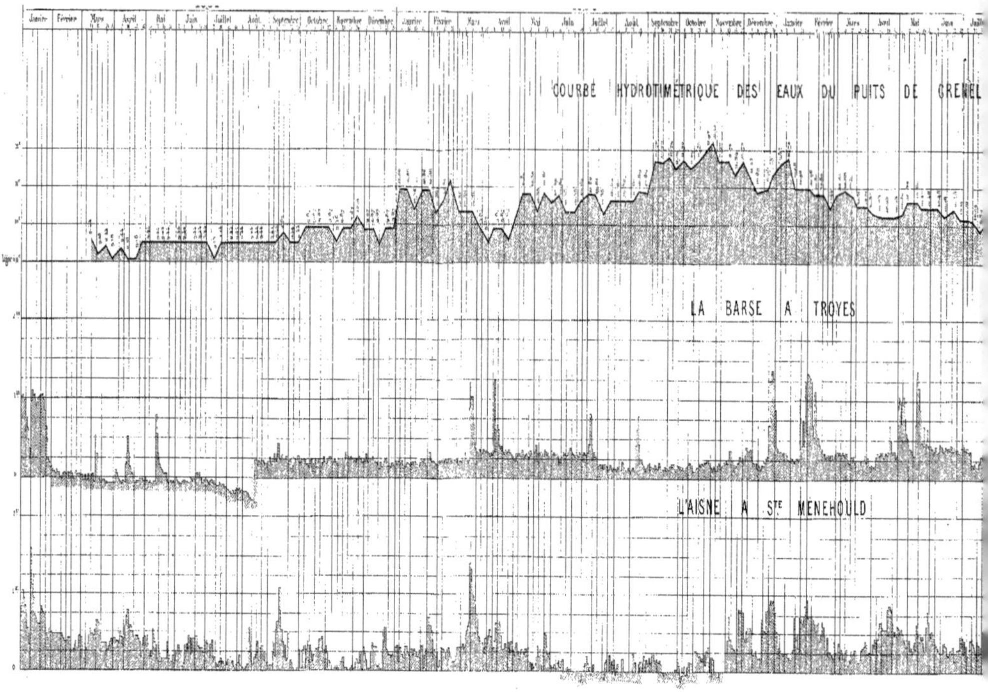

COURBE HYDROTIMÉTRIQUE DES EAUX DU PUITS DE GRENELLE

LA BARSE A TROYES

L'AISNE A S^{TE} MENEHOULD

PUITS DE PASSY

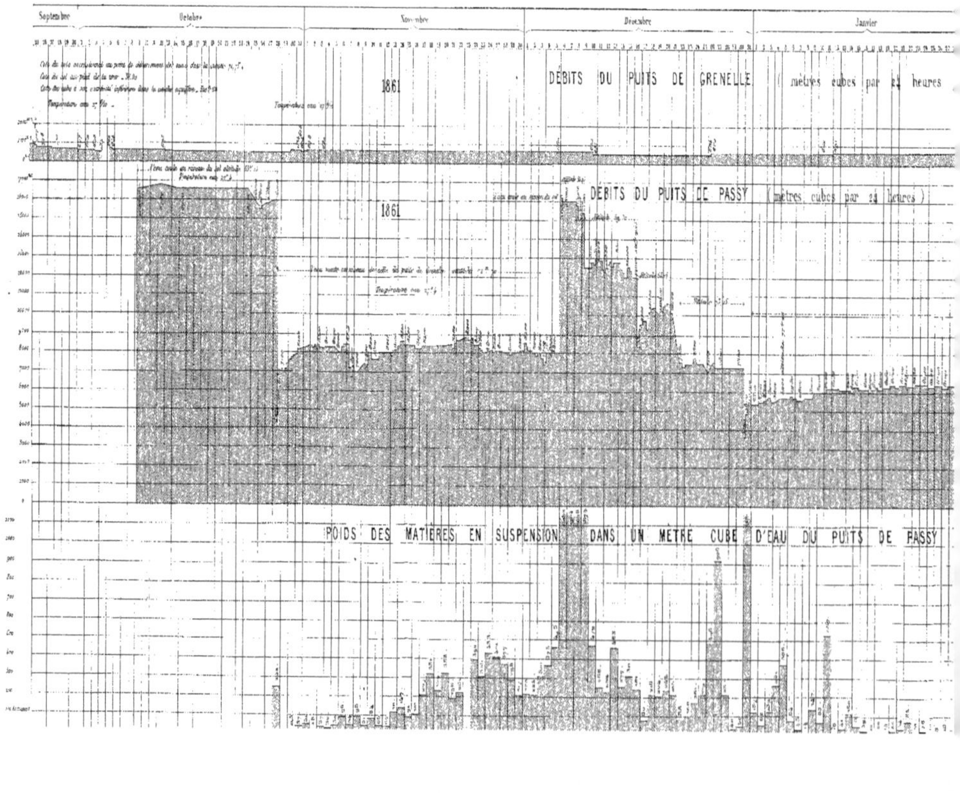

DÉBITS DU PUITS DE GRENELLE (mètres cubes par 24 heures

1861

DÉBITS DU PUITS DE PASSY (mètres cubes par 24 heures)

1861

POIDS DES MATIÈRES EN SUSPENSION DANS UN MÈTRE CUBE D'EAU DU PUITS DE PASSY

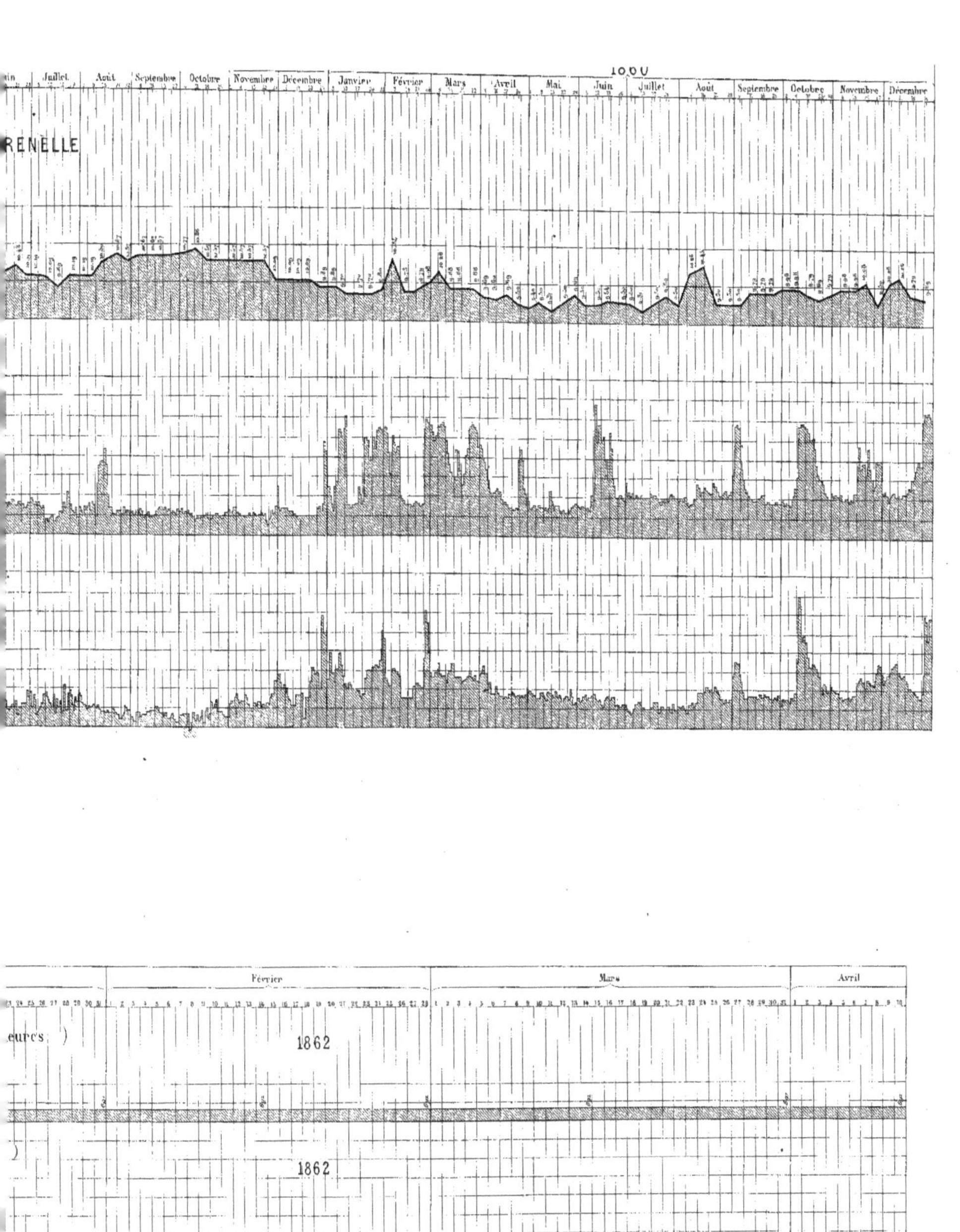

Juillet
Août
Septembre
Octobre
Novembre
Décembre
Janvier
Février
Mars
Avril
Mai
Juin
Juillet
Août
Septembre
Octobre
Novembre
Décembre
RENELLE
Février
Mars
Avril
eures)
1862
1862
Altitude 77m.15 niveau nécessaire pour envoyer l'eau au réservoir de Passy
Du 11 au 27 mars inclusivement, il y a une lacune dans les observations
SSY CONSTATÉ PAR Mr HERVÉ MANGON

www.ingramcontent.com/pod-product-compliance
Lightning Source LLC
LaVergne TN
LVHW020314230826
846091LV00003B/660
9782329498621